林下仿野生天麻实用栽培技术

彭明俊　陈建洪◎主编

U0307467

云南出版集团

云南科技出版社

·昆明·

图书在版编目（CIP）数据

林下仿野生天麻实用栽培技术／彭明俊，陈建洪主编. — 昆明：云南科技出版社，2021.9
ISBN 978-7-5587-3315-4

Ⅰ. ①林… Ⅱ. ①彭… ②陈… Ⅲ. ①天麻-栽培技术 Ⅳ. ①S567.23

中国版本图书馆 CIP 数据核字（2021）第 185408 号

林下仿野生天麻实用栽培技术
LIN XIA FANG YESHENG TIANMA SHIYONG ZAIPEI JISHU

彭明俊　陈建洪　主编

出　版　人：温　翔
策　　　划：高　亢
责任编辑：赵　敏
封面设计：杨　红
责任校对：张舒园
责任印制：蒋丽芬

书　　　号：ISBN 978-7-5587-3315-4
印　　　刷：昆明瑆煜印务有限公司
开　　　本：889mm×1194mm 1/32
印　　　张：2.875
字　　　数：72 千字
版　　　次：2021 年 9 月第 1 版
印　　　次：2021 年 9 月第 1 次印刷
定　　　价：18.00 元

出版发行：云南出版集团 云南科技出版社
地　　　址：昆明市环城西路 609 号
电　　　话：0871-64192481

编委会

麻种

箭麻

竹林下天麻采收现场

花粉

天麻出苗期

开花

人工授粉

添置菌材

播种

抽薹

天麻产品

前　言

　　天麻是我国传统药食两用的名贵中药，是我国公布的34种名贵药材之一，目前已被列入《濒危野生动植物国际贸易公约》附录Ⅱ。2000年初，云南省委、省政府做出"关于加快云药产业的决定"，特别提出要发展天麻等系列产品，重点支持进行良种繁育基地建设。

　　云天麻是云南地道药材，其质量坚实，断面明亮，质量上乘，在国内外享有很高的声誉。随着国内外对天麻药用价值和食疗保健功效认识的不断深入，利用范围越来越广。云天麻是云南省实施脱贫攻坚的重要中药材大品种，云南省市各级政府大力扶持天麻产业发展，通过种植加工天麻，当地百姓的人均收入得到提高，生活条件得到改善，天麻产业健康快速发展有效推进了云南省大健康、大扶贫产业的发展，为云南省委、省政府打造世界一流"绿色食品牌"，发展高原特色农业、促进农民增收提供了有效途径。

　　我国科研工作者自20世纪50~60年代就相继开展了天麻的人工栽培技术研究并取得了许多成果。通过近70年的研究，随着科研工作者对天麻植物的形态、生活史、生长发育特性及天麻与萌发菌、蜜环菌之间相互关系的深入研究，我国天麻人工栽培技术日趋成熟和规范，种植天麻也成为了一些边远山区发展区域经济、帮助农民脱贫致富的重要途径和手段。

近自然林下培育天麻生产经济效益较高。目前通海里山乡竹下天麻销售价格一般为每千克 200~240 元，按照每亩年产鲜天麻 80 千克计算的话，亩产值约 16000~19200 元，扣除麻种、蜜环菌、人工投入等成本约 5000 元，每亩竹林下培育天麻净收益达 10000 元以上。通海县四街镇林下天麻销售价格一般为每千克 160~200 元，按照每亩产鲜天麻 150 千克计算的话，亩产值约 24000 余元，扣除成本约 8000 元，每亩净收益达 15000 元以上。

云南得天独厚的自然条件为天麻生长提供了适宜的自然环境，使得云南拥有优质的野生天麻种源，为云南天麻产业开展有性繁殖、无性繁殖提供了必备的基础物质条件。

云南森林资源丰富，全省森林面积 3.47 亿亩，大都属于山区、半山区或者高寒山区。云南竹类植物极为丰富，素有"竹类的故乡"之称，拥有 28 属 210 余种，种数占世界的 1/5，占全国的一半，竹林面积达 33.10 万公顷，竹种资源和天然竹林面积居全国之首。如何发挥云南资源禀赋优势，推动森林资源优势转化为产业优势？近自然林下培育天麻提供了实现资源优势转化为产业优势的可能。通过多年的努力，近自然林下培育天麻已经成为林下经济、精准扶贫的有效产业。加强天麻产业的发展能为更多山区农户增收脱贫提供致富途径。天麻产业发展不仅是贫困地区脱贫致富的好帮手，更是推进云南省扶贫产业、生态产业、富民产业、大健康产业发展的重要中药材支柱产业。发展自然林下培育天麻产业与精准扶贫的衔接，对实现户户增收，创建天麻产业脱贫新模式具有重要意义。

本书总结了我国诸多天麻科研工作者长期从事天麻栽培技术研究的经验，结合作者在通海开展近自然林下天麻培育的实践，较系统翔实地介绍了天麻栽培中各环节的知识和技术问题，希望对天麻生产者及一线科技工作人员有所帮助。

在本书编写的过程中，得到了有关专家、合作社和天麻种植户的大力支持和帮助。同时，作者也参阅了大量与天麻栽培相关的书籍和文献资料，引用了一些科研工作者的研究成果，在此一并表示感谢！

由于作者水平有限，书中难免有疏漏或不足之处，欢迎广大读者及科研工作者批评指正。

目　　录

第一章 概 述

天麻（学名：*Gastrodia elata* Bl.），又名赤箭、离母、鬼督邮、神草、独摇芝、赤箭脂、定风草、合离草、独摇、自动草、水洋芋、明天麻等，为兰科天麻属植物。早在两千多年前就已入药，临床多用于头痛眩晕、肢体麻木、小儿惊风、癫痫抽搐等症。临床证明，天麻素注射液有扩张血管、增强血管弹性、降低血压，减慢心率，增加心输出量，下降心肌耗氧量的作用，对治疗晕眩和臃基底动脉供血不足而引起的神经症状和心血管系统疾病有显著疗效。此外，还可以将之作为高空飞行员的脑保健药物，可以增强视神经的分辨作用。

天麻以地下块茎入药，块茎呈椭圆形或长条形，略扁，皱缩而稍弯曲。经化学分析，其主要成分为天麻甙（Gastrodin，也称天麻素）、香荚兰醇、香荚兰醛、维生素 A 类物质、苷、结晶性中性物质、微量生物碱、黏液质等，天麻素是天麻的主要有效成分。

天麻在我国的分布区域包括云南、贵州、四川、重庆 、湖北、山东、陕西、辽宁、吉林、黑龙江等省区。

第二章　天麻分类及形态特征

第一节　天麻分类特性

天麻为腐生草本，全属约 20 种，分布于东亚、东南亚至大洋洲，我国有 13 种。根据天麻花的颜色、花茎的颜色、块茎的形状等不同特征将天麻划分为 6 个变型，即毛天麻（*Gastrodia elate* Bl. *f. pilifera* Tuyama），该类型球茎有少量单细胞的毛；绿天麻（*G. elata* Bl. *f. viridis* Mak.），该类型花及花茎淡蓝绿色；乌天麻（*G. elata* Bl. *f. glauca* S. Chow），该类型花蓝绿色，花茎灰棕色，带白色纵条纹；松天麻（*G. elata* Bl. *f. alba* S. Chow），该类型花白或微黄色，花茎黄白色；天麻（*G. elata* Bl. *f. elata*）花黄略带橙红色，花茎橙红色；黄天麻（*G. elata* Bl. *f. flavida* S. Chow），该类型花及花茎淡黄色，花幼时淡黄绿色。

第二节　天麻的形态特征

天麻是与真菌共生的异养型多年生草本植物，无根，无绿色叶片，只有地上花茎和地下块茎，无法进行光合作用，也不能从土壤中大量吸收水分和营养物质。

成熟的天麻植物体包括地下的块茎，以及地上的花葶、花、蒴果和种子。天麻块茎肉质白色，长卵圆形或圆柱形，长 6～15cm，外皮具环节，其上有芽鳞包被的休眠芽。花葶呈黄色或蓝绿色，高 1～1.75m。花葶经抽薹、孕蕾形成顶生总状花序，具花 30~80 朵；萼片与花瓣合生成花被筒，筒长约 1cm，口部偏斜，直径 5~7mm，顶端 5 裂；萼裂片大于花冠裂片；唇瓣白色，先端 3 裂；唇瓣藏于筒内，无距，长圆状卵圆形；合蕊柱长 5~6mm，子房下位，倒卵形，子房柄扭转，柱头 3 裂；蒴果长圆形或倒卵形，长 2~2.6cm；种子多而极小，呈粉末状，种子由胚和种皮组成，无胚乳，种皮白色半透明；胚为椭圆形，呈淡褐色或黑褐色。

天麻的生活史主要包括四个阶段，第一阶段为天麻种子萌发阶段，由种子萌发形成原球茎；第二、三阶段为天麻的营养生长阶段，由原球茎发育形成米麻或白麻，进而由白麻发育形成箭麻；第四阶段为天麻的生殖阶段，箭麻抽薹、开花、结果，最后形成种子。

一、块 茎

1. 原球茎

原球茎是由种子萌发后形成卵圆形的不分化组织，呈气球状尖圆形，约 1mm 大小，称为原球茎，可分为原球体和原球柄两部分。

2. 米麻

米麻是由种子萌发后的原球茎继续生长形成，或由箭麻、白麻等分生出的较小的天麻块茎个体，一般长度在 2cm 以内，质量在 2 克以下的小天麻，最小的只有几毫克。米麻虽小，但繁殖系数较高，适宜用于扩大繁殖种麻。

3. 白麻

白麻也称"白头麻"，是不抽薹出土的天麻块茎在初夏开始发芽生长时生长锥生出的雪白色幼芽。一般白麻比箭麻个体小，长尖圆形，长 2~11cm，径粗 1~5cm，重几克到几十克不等，有的可达百余克，有明显的环节，节处有薄膜鳞片，块茎前端有类似芽的生长点（见图2-1）。栽培后，随着生长点的分化可长出不同类型的天麻块茎，其中有80%左右的分化为箭麻。白麻的繁殖力强，多做种用。

通常将白麻分为三等，即20g以上的大白麻，10~20g的中白麻，2~10g的小白麻。

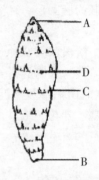

图2-1　白麻形态示意图

A. 生长锥　B. 脐形脱落痕
C. 鳞片　D. 潜伏芽

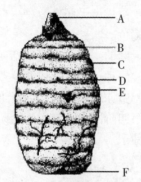

图2-2　箭麻形态示意图

A. 花径芽　B. 节　C. 节间　D. 鳞叶
E. 潜伏芽　F. 营养茎脐形脱落痕

4. 箭麻

箭麻一般来说个体较大，越冬后能抽薹出土，开花结果的成熟块茎，具混合芽。此时箭麻细胞内多糖的积累达到最高峰，是入药的最佳时期，因此将之称为商品麻。其肉质肥厚，长圆形，个体较大，有均匀的节，节处有薄膜鳞片，其下有休眠芽，顶生红褐色混合芽，俗称"鹦哥嘴"，牙被7~8片鳞片，剥去鳞片可见穗原始体和叶原基；茎后端有圆脐状的疤痕（见图2-2）。其重量一般为50~400g（鲜重），个别大的可达900g左右，小的仅有8克左右。箭麻除有性育种留种外，一般都加工成为商品，麻种较为缺乏时也可用小箭麻除去芽嘴进行栽培，但其增殖率不高。

5. 禾麻

禾麻是箭麻抽薹出土后的地上植株，箭麻抽薹后茎秆似箭，故有"箭麻"之称。禾麻是天麻生长发育到抽薹开花结果的最高阶段，开花结出的果实可将之进行有性繁殖。如箭麻已抽薹开花结实，则箭麻已枯老中空，不宜入药。

6. 母麻

母麻俗称"老母子"，即长出新麻后原来做种的白麻、米麻或者箭麻。秋季采挖天麻时，常见麻体衰老，表皮变皱颜色变成黑褐色，质量较轻，此时麻体中空或已腐烂。母麻加工入药药效极低，一般不作药用。

7. 营养繁殖茎

天麻在生长过程中，每个块茎的末端与种麻相连接的细小部分，具有均匀的环节，节上生长着鳞片，这种状如子麻块茎的细小的柄，称为柄状茎，各分枝块茎的柄也与此类似。柄状茎还见于天麻个体发育自原球体生长形成米麻的阶段，有繁殖子麻的作用，甚至表现出很强的繁殖能力，但主要的功能是把种麻的营养物质及从蜜环菌获得的养分输送给子麻供其生长，当子麻入冬停止生长进行休眠时，柄状茎也就与之脱离，并在子麻末端留下圆形或椭圆形的痕迹。

二、花葶与花

天麻花葶由箭麻顶芽萌发生长而成。花葶高 1~1.75m，直径 1~1.5cm，一般有 5~7 节，节上有鞘状包茎的膜质鳞片互生。前期花茎肉质实心，海绵状，蒴果成熟后花茎变为中空，颜色变深。

天麻花序通常为总状花序，长 30~40cm，一般在头年冬季形成，于第二年夏季抽出花葶，开花。花序发育时花原基以螺旋状的方式不断由基部向顶分化形成花芽。

天麻花两性，左右对称，花由花被、合蕊柱、子房、花梗等几部分构成。花色因品种不同而不同，有淡黄色、淡绿色、白色等。一般每株可开 30～70 朵，花朵的多少与留种箭麻的大小、气候条件及环境条件有关。自然条件下天麻花靠昆虫传粉，自花授粉和异花授粉均可结实，实践证明，人工授粉有助于提高天麻结实率。见图 2-3。

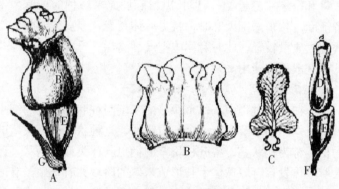

图 2-3　天麻花外部形态

A. 天麻花　B. 花被筒　C. 唇瓣　D. 合蕊柱　E. 子房　F. 花梗

三、果实与种子

天麻的果实为蒴果，长椭圆形，有 6 条纵向棱线，一般长 1.5～1.7cm，直径约 0.9cm，颜色与茎秆相似，内含约 1 万～1.5 万粒种子。天麻果实在果序轴上形成的顺序与开花的顺序一致，均是由基部向上逐渐成熟。通常果序上果实的大小与花的发育有关：一般中部的果实较大而饱满，种子多而质量好，下部的种子一般，而顶端的果较小，质量差，甚至败育。见图 2-4。

天麻种子细小，呈粉末状。在显微镜下观察，成熟种子呈纺锤形，长约 0.8mm，宽约 0.15～0.2mm，种子无胚乳，由胚和种皮组成，种皮白色半透明，由薄壁细胞组成。胚为椭圆形，呈淡褐色或黑褐色，长约0.17mm，直径约0.08mm。见图2-5。

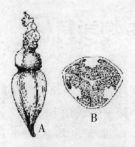 

图2-4　天麻果实　　　　　图2-5　天麻种子

A. 果实外形　B. 横切面　　　A. 种皮　B. 胚　C. 孔裂

第三章　天麻的生物学特性

天麻属多年生草本植物，从种子播种到开花结实，需历经种子萌发→原球茎→米麻或白麻→箭麻→种子成熟几个阶段，完成一个完整的生活史一般需要3~4个年头，最短也需要24个月才能完成一代生活史。

第一节　天麻的生活史

天麻从种子成熟、播种再到新天麻结出种子，所经历的生长发育全过程被称为天麻的生活史或天麻的生活周期，包括种子萌发、原球茎生长发育、第一次无性繁殖至米麻或白麻形成、第二

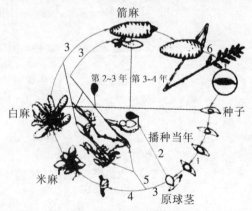

图 3-1　天麻生活史

1. 种子萌发菌萌发　2. 未能接种蜜环菌　3. 接种成功蜜环菌
4. 早期接种成功蜜环菌　5. 晚期接种成功蜜环菌　6. 开花结果

次无性繁殖至箭麻形成、箭麻抽薹开花结实五个阶段。其中前四个阶段称为天麻的营养生长期，后一个阶段称为天麻的生殖生长期。见图 3-1。

一、种子萌发

天麻种子的种胚没有分化时，胚细胞中虽含有一些多糖等营养物质，但不足以提供种子萌发所需的营养。试验证明：没有外源营养供给，天麻种子不能发芽。也就是说天麻种子萌发时不仅需要有适宜的温度、湿度，还需要萌发菌为其提供营养物质。一般在 6—8 月开始将天麻种子与萌发菌拌播，天麻种子在被萌发菌侵染后，与其建立共生关系。播种 10 天左右种胚细胞开始分化；15 天后胚直径显著增加，种胚逐渐达到与种皮等宽的程度；20 天左右，种胚继续膨大，种子成为两头尖中间鼓的枣核形，胚逐渐突破种皮而发芽，形成原球茎，种皮仍附着在原球柄上。

二、原球茎的生长发育和第一次无性繁殖

发芽后的原球茎，依靠侵染的萌发菌提供营养进行生长，其分生细胞不断分裂，体积持续增大，最后分化出第一片苞被片。原球茎在发芽的当年，不管是否接上蜜环菌，都能分化出营养繁殖茎，从而开始进行第一次无性繁殖。在播种后 30~40 天，原球茎上可明显看出乳突状苞被片突起，营养繁殖茎突出苞被片生长。如果未接上蜜环菌，由于营养缺乏导致新生的营养繁殖茎细长如豆芽状，顶端虽分生出营养不良的小米麻，但冬季大部分会死亡。如果营养繁殖茎被蜜环菌侵染，则原球茎分化生长出营养繁殖茎后，由于有充足的营养供应，播种当年营养繁殖茎顶端的生长锥和侧芽都可分生出十分健壮的米麻和白麻，在种子种植当年，天麻以米麻、白麻的形式越冬。大的白麻长度可达 6~8cm，直径约 1.5~2cm，重 8~10g，此时已达到作为种苗移栽的标准。

三、原球茎的第二次无性繁殖

在播种后的第二年春季（一般在地温达到14℃左右时），越冬后的米麻和白麻结束休眠，开始萌动生长，进行有性繁殖后的第二次无性繁殖。米麻、白麻被蜜环菌侵染后，由蜜环菌为其提供营养物质以继续生长发育，至秋末，米麻营养繁殖茎前端已长成白麻，白麻营养繁殖茎前端的顶芽发育成具有明显顶芽的成熟天麻块茎——箭麻。

四、生殖生长阶段

越冬后第三年春季，箭麻的芽体萌动、抽薹出土，花茎芽伸出地面生长成为花葶，形成植株的地上部分。待种子成熟自果实内散出后，地下块茎所储存的营养物质也在开花结实过程中消耗殆尽，全株逐渐腐烂。自花茎出土至种子散出所经历的时间一般为50~65天。

第二节 天麻的物候期

一、块茎生长物候

按天麻块茎的不同形态，将其分为休眠期、萌动期、白麻期、箭麻期、损耗期。

1. 休眠期

一般来说，在头年的11月中下旬至次年3月底到4月初，由于天麻没有萌动现象，故将这段时间称为休眠期。在此期间，天麻生长的小环境周边蜜环菌在进行生长但未能与麻种充分接触，麻种的顶部与侧部均未发现新芽，此阶段为麻种的种植时期。

2. **萌动期**

当年 4~6 月，麻种顶端与侧部均长出嫩白色新芽（即营养繁殖茎），少量营养繁殖茎顶端分化出小白麻；此时麻种颜色发黄，麻体部分出现不均匀的黑色斑点。在此期间，麻种或营养繁殖茎被蜜环菌侵染。

3. **白麻期**

当年 6—9 月，白麻迅速生长并膨大，是天麻产量形成的关键时期。在此期间，母麻被蜜环菌侵染的面积逐渐加大，开始有皱缩现象出现；此时大量的营养繁殖茎被蜜环菌侵染，接触部分颜色为黄褐色；白麻明显膨大，顶端的白麻个体较大，生长迅速，侧生的白麻较小，白麻顶端仍未分化出花茎芽；营养繁殖茎上有较多的新生小白麻。

4. **箭麻期**

当年 9—10 月，天麻在此期间生长速度放缓，逐渐出现箭麻。此时，母麻整体颜色发黑且皱缩严重，部分母麻也成为空壳，但未完全腐烂；多数营养繁殖茎伴随其上着生的小白麻消失，其他存活的白麻继续生长膨大，顶生及少量侧生的大白麻顶端分化出鹦哥嘴，逐渐转化为箭麻；此期间营养繁殖茎上着生的小白麻数量锐减。

5. **损耗期**

当年 11 月中下旬至次年 3 月中下旬，天麻停止生长，存活的母麻出现皱缩、中空、腐烂等现象，此时营养繁殖茎几乎全部脱落，未脱落的也已经软烂，新麻与母麻连接脆弱，无法继续通过营养繁殖茎向新麻供给营养。部分箭麻出现变黑、腐烂、缩水等现象，处于损耗期，此时应及时对天麻进行采收。此期间有新麻继续被蜜环菌侵染现象。

二、有性繁殖中的箭麻生长物候期

在天麻的有性繁殖过程中，箭麻的繁育是最为关键的环节之一，这一时期影响到天麻种子的产量和质量。

箭麻顶部花茎经过低温休眠后，萌动出土，最终到种子成熟的全过程共经历 6 个时期：即抽薹期（花茎芽突破表土露出地面时期）、现蕾期（花蕾露出苞片时期）、开花期（从第一朵花开放到顶端最上一朵花结束）、结果期（花朵经授粉后花冠凋谢，从子房开始膨大到全部果实膨大结束）、种熟期（第一个果实开裂到最后一个果实开裂）和倒苗期（果实开裂后到花茎秆霉变时为止）。这个过程是天麻生活史中在地上部分生长的阶段，约占天麻生活史的 5%左右的时间。

1. 出薹期

天麻箭麻继续生长，其花茎芽突破表土露出地表，此时花茎秆呈肉红色或粉红色；花茎上有明显的节，每节上有退化的膜质鳞片叶抱于茎上，叶片具纵向细脉，尖端偏红褐色，基部颜色发白，较茎秆颜色淡；其顶生花序苞片叶合抱状，未显现花蕾。

2. 现蕾期

花薹顶端合抱状的苞片逐渐长开，此时形如狭披针形苞片基部着生的花蕾长大并显现出来；新生的花蕾不断由花序顶端长出，花序轴底部的花蕾最先发育，逐渐向上生长，但花被未打开，花被顶端呈褐色。

3. 开花期

天麻花序由下向上逐渐开放，花梗会出现扭转现象，花被颜色变淡。此时是有性繁殖的关键时期，在花开后需尽快开展人工授粉工作，用镊子将唇瓣与部分花被撕开，直至可见到白色合蕊柱；白色合蕊顶端有 2 个花粉帽，为嫩黄色，花粉帽内有花粉；白色合蕊柱基部中央凹陷处有黏液，用镊子将花粉置于黏液处即完成授粉工作。

4. 结果期

经授粉后的果实花冠逐渐凋谢，此时天麻进入结果期。由于天麻花序是由下向上不断伸长生长，故不断有新花出现，因此天麻的开花期与结果期会出现部分重合的现象，即边开花边结果。花茎的直径也随着花序轴的伸长生长而逐渐变细，当最后一朵花开放后花茎停止生长，直观上来说花茎顶端的花朵小于下部的花朵。天麻果实为蒴果，肉红色，有6条纵棱线，随着果实的成熟其苞片逐渐干枯最后呈深褐色。

5. 种熟期

天麻果实的成熟顺序与花序轴的开放顺序一致，也是从下向上逐渐成熟，中部偏下的果实较大而饱满，顶端果实小。天麻蒴果从6条棱线处开裂，种子呈粉末状。待蒴果大部开裂，后期花茎逐渐干燥。

6. 倒葶期

在天麻的所有蒴果开裂之后，花茎干燥中空易于倒伏，或有真菌感染现象，此时地下箭麻呈黑色，由于营养物质消耗殆尽而成为一个空壳。

第四章　天麻的共生萌发菌和蜜环菌

　　绝大多数高等植物都是通过根吸收土壤中的水分和无机盐，通过叶片的光合作用制造有机营养，但天麻则与大多数高等植物都不一样，其既没有根（地下部分只有块状茎），也没有绿色的叶片（在完成有性繁殖的过程中地上部分的花葶也仅存留50~65天）。徐锦堂等研究证明天麻是一种真菌营养型的寄生植物。在有性繁殖阶段，天麻必须与紫萁小菇萌发菌建立营养关系，种子才能获得营养而发芽，此阶段蜜环菌对种子萌发有明显的抑制作用；但发芽后的原球茎在进行无性繁殖分化出营养繁殖茎时又必须依靠蜜环菌才能正常生长发育，因此天麻有别于其他兰科植物的主要特点就是被紫萁小菇等萌发菌及蜜环菌先后感染完成生活史。

第一节　天麻萌发菌及菌种培育技术

　　天麻种子和其他兰科植物的种子都极为细小，其只有种胚，在自然条件下萌发率极低，通过人工播种的天麻种子在没有萌发菌和蜜环菌或者仅有蜜环菌的情况下基本不能正常发育。1989年徐锦堂发现紫萁小菇能促进天麻种子的萌发，后来陆续有人从兰科药用植物中分离出的菌根——真菌兰小菇、开唇兰小菇、石斛小菇等都对天麻种子萌发有较好的促进作用，并且这些真菌对其他兰科药用植物如石斛、白及等的种子萌发及其幼苗的生长均有较好的促进作用。上述萌发菌种已通过大量的实践应用，证明其对天麻种子的发芽率及天麻产量均有较大的影响，从目前的实验结果来看，石斛小菇伴播天麻种子其发芽率最高，天麻产量也最大。

一、萌发菌的种类及特征

目前，文献报道共有 12 种真菌可以促进天麻种子的萌发。其中大量用于天麻种子生长的有 4 种，分别为紫萁小菇、石斛小菇、开唇兰小菇和兰小菇，均属于小菇属真菌。小菇属真菌大多腐生于老树桩、腐朽木或死树、倒木、落叶等，其子实体多呈伞形。在自然条件下，天麻种子成熟后飞落到有小菇属真菌的地方，感染小菇属真菌而与其共生萌发。由于天麻萌发菌是 1989 年才被发现，时间较短，有的种类到现在连种名都还未能正式鉴定，我国对天麻萌发菌的生态生物学特性还没有开展较为系统的研究。

天麻种子萌发菌的形态特征

萌发菌种类	菌落特点	菌丝特征	无性孢子
石斛小菇	规则且浓密	纯白色，生长旺盛，较为发达	无
紫萁小菇	规则但较为稀疏	白色半透明状，不发达	有
开唇兰小菇	不规则呈粉状	粉白色半透明，不发达	有
兰小菇	规则且浓密	纯白色半透明状，生长旺盛，较为发达	无

在萌发菌的培养过程中，天麻种子萌发菌有两个最为明显的特征：一是萌发菌菌丝生长速度较一般食用菌菌丝生长速度要慢，一般食用菌丝在生长 1 个月左右即长满菌种瓶，但萌发菌菌丝则需要大约 2 个月左右的时间才能完成这一过程；二是几种

萌发菌均能使培养基的颜色变为白色或黄色。

二、天麻种子萌发菌的生活特点

1. 腐生性

小菇属真菌大多腐生于高山林间的落叶、枯死枝及其他植物的腐根上，其对纤维素有着非常强烈的分解能力，这一特点导致携带小菇属的真菌的枯枝落叶能被迅速分解。

2. 兼性寄生

小菇属真菌主要营腐生生活，由于其可侵染自由散落于林地枯落物上的天麻种子，从而使其萌发，故具兼性寄生特性。

3. 好气性

小菇属真菌属于好气性真菌，它们在林中主要分布于林间枯枝落叶层及林下表土中。培养实验表明，在培养萌发菌的过程中如果氧气供应不充分的话会延缓萌发菌的生长。

4. 发光性

小菇属真菌在黑暗中会发出微弱的荧光，如果污染了其他杂菌的话，荧光会逐渐减弱直至消失。

5. 对天麻块茎无侵染能力

天麻种子萌发菌是一类弱寄生菌，通过观察发现其只能侵染天麻种胚基部细胞，而不能侵染由天麻种子发育的原球茎和营养繁殖茎、米麻、白麻等。在蜜环菌侵入原球茎分化出营养繁殖茎后，天麻种子萌发菌和蜜环菌共同存在于同一营养繁殖茎中，其对天麻的营养作用逐渐被蜜环菌所替代。

6. 天麻种子萌发菌生长所需的环境条件

（1）温度：天麻种子萌发菌生长的温度范围为 15~30℃，其中以 25℃时其菌丝体生长速度最快，低于 20℃或者高于 30℃菌丝体生长速度明显放缓。实验证明当环境温度高于 30℃时对菌丝培养 24 小时，菌丝将失去活力。

（2）湿度：天麻种子萌发菌生长的湿度范围为 45%～65%，当湿度达到 70%以上时萌发菌生长受到抑制，生长缓慢。

（3）光线：天麻种子萌发菌菌丝生长一般不需要光线，实验证明光照对菌丝生长有抑制作用，但在子实体的形成时需要一定的散射光才能生长良好。

（4）pH：天麻种子萌发菌在中性及偏酸性条件下有利于其菌丝的生长，以 pH5.0～5.5 为最佳，碱性条件不利于菌丝生长。

三、天麻种子萌发菌对天麻种子发育的影响

小菇属萌发菌的菌丝体呈白色，菌落规则而浓密，菌丝分为气生菌丝和基内菌丝。气生菌丝大多以菌索的形式存在，较为发达，有比较明显的索状联合，菌丝生长旺盛，大多分布于枯枝落叶的表面。萌发菌侵染天麻种子并为种子提供营养物质的就是气生菌丝，基内菌丝生长于枯枝落叶内部，在生长过程中起到类似根的作用，在枯枝落叶中吸取营养物质，所以又被称为营养菌丝。在天麻种子萌发的过程中，萌发菌就是通过基内菌丝（营养菌丝）从枯枝落叶中吸取营养并通过气生菌丝将营养物质传输给天麻的种子或原球茎，从而完成营养物质的输送和转移。

通过试验证明，不同的萌发菌对天麻种子的发育影响不同，以石斛小菇为萌发菌促进天麻种子萌发效果最好，具体表现为石斛小菇菌丝生长速度最快；其对天麻种子发芽势最高，25 天时天麻种子的发芽率即达到 64.32%，到第 40 天时，天麻种子的发芽率达到 84.18%；从伴播试验可以看出，紫萁小菇伴播天麻种子萌发的原球茎最大，可达 3.35mm×1.43mm，其次分别为石斛小菇和兰小菇。

通过试验可以看出，萌发菌不仅对天麻种子发芽率和原球茎生长速度有较大的影响，同时也会直接影响到天麻的质量和产

量，因此萌发菌的选择显得至关重要，是保证天麻品质和产量的关键因素。多年的生产试验中，以石斛小菇为萌发菌的天麻发育效果为最好。

四、天麻种子萌发菌的分离纯化及鉴定

天麻属兰科多年生草本植物，无根无绿色叶片，不能进行光合作用。天麻种子细小如粉尘，无胚乳及其他营养物质供给，如果没有外源营养供给，最终天麻种子将不能发芽。通过实验研究证明不同萌发菌所提供的营养对天麻种子萌发和原球茎的生长发育均有较大的影响。因此，萌发菌的分离纯化对提高天麻种子发芽率和天麻品质、产量均有较为重要的意义。

1. 分离材料的准备工作

（1）异地播种收集分离材料：在天麻种子成熟的季节，从野生天麻分布的林下收集枯枝落叶，拌上天麻种子，装入花盆等容器中，待2个月后如发现有天麻种子萌发，则可将原球茎作为分离材料，进行萌发菌的分离。

（2）原地播种收集分离材料：在天麻种子的成熟季节，从野生天麻分布的林下收集枯枝落叶，拌上天麻种子，然后原地埋入林中浅土层，待2个月后如发现有天麻种子萌发，则可将原球茎作为分离材料，进行萌发菌的分离。

（3）在天麻播种穴中收集分离材料：可以在现存的天麻人工种植区，选择播种穴中的原球茎或萌发菌菌叶作为分离材料。

2. 天麻种子萌发菌的分离纯化方法

（1）原球茎分离纯化方法：直接选取较为健壮的原球茎，首先清除表面泥土，用无菌水进行冲洗，75%的乙醇浸泡1分钟后，0.1%升汞溶液浸泡3~5分钟；然后无菌水冲洗，剪成尽可能小的块在链霉素液中蘸，再用无菌水冲洗；最后用灭菌滤纸吸

干表面附着水，接入 PDA 平面培养基或斜面试管中，在 25℃恒温条件下培养 5~10 天。等待 PDA 平面培养基或斜面试管中有白色健壮的菌丝长出，挑取菌丝生长点处接入 PDA 平面培养基或斜面试管中，如此反复操作，即可得到纯化的菌株。本方法操作简单，分离效果也还不错，但需反复进行，工作量较大。

（2）单菌丝团分离法：此法采用贵州省生物技术研究所朱国胜等的发明专利——兰科植物菌根真菌单菌丝团分离技术。用该方法可以提高分离天麻原球茎菌根菌的分离效率。其基本工作步骤如下：除去原球茎表面的杂菌等附着物→采用解剖针刮制法制备单菌丝团→单菌丝团溶液静置诱使菌丝团萌发生长→萌发生长的菌丝团转接小块 PDA 培养基进行培养。该方法提高了菌株分离的可靠性，减少了筛选工作量，但因其对操作要求较高，技术难度大，需要一定专业基础的技术人员方可进行操作。

（3）利用天麻播种穴中的萌发菌的分离纯化方法：在长势良好的天麻播种穴中，选取萌发菌长势良好的萌发菌菌叶，清除泥土等杂物后，用无菌水冲洗，在 75%乙醇中浸泡 1 分钟后再用 0.1%升汞溶液浸泡 3~5 分钟，再用无菌水冲洗后，用灭菌滤纸吸干表面附着水，然后用接种针挑取少量的菌丝接入 PDA 平面培养基或斜面试管中，在 25℃恒温条件下培养 3~10 天。等待 PDA 平面培养基或斜面试管中有白色健壮的菌丝长出，挑取菌丝生长点处接入 PDA 平面培养基或斜面试管中，如此反复操作，即可得到纯化的菌株。该法操作简单，但分离效果不太理想。

3. 萌发菌的鉴定

通过纯化得到的单一菌株，必须要通过鉴定后才可以用于天麻生产。在天麻生产过程中鉴定萌发菌的方法主要是采用天麻种子萌发试验，也就是直接测定纯化得到的菌株拌播天麻种子的发芽情况。如果拌播 2~3 月后能观察到原球茎，则说明纯化所得的菌种即为萌发菌，从而可以将其进行扩大繁殖，然后进行进一步的筛选工作。

第二节 天麻蜜环菌菌种培育

天麻与蜜环菌的关系是天麻生长发育过程中的一个重要问题。天麻与蜜环菌的生理特性有较大差异，天麻属于多年生草本植物，分类于兰科；蜜环菌属于腐生真菌，分类于担子菌纲。天麻自身没有制造营养的能力，其必须依靠蜜环菌作为桥梁，通过蜜环菌吸收菌材的营养以供给天麻生长需要，也就是说蜜环菌是天麻和菌材之间的桥梁，菌材是天麻生长的物质基础。

天麻与蜜环菌的结合必须具备一定的条件才能实现。一般情况下如果天麻生长旺盛，则新生块茎就不会被蜜环菌侵入。只有当天麻块茎处于休眠或者萌发初期，此时如果蜜环菌自身幼嫩、菌索呈白色或棕黄色时（如果蜜环菌衰老则菌索呈黑褐色）才能侵入天麻块茎而共生结合，其结合方式是当蜜环菌的菌索接触到天麻块茎并贴伏在块茎表面，此时以菌索分枝的生长点侵入天麻原球茎和块茎，即开始了二者的共生结合方式。

当二者开始共生结合初期，蜜环菌菌索分枝尖端的生长点侵入天麻原球茎或块茎的栓皮并伸入皮层细胞，此时表现为蜜环菌吸收天麻原球茎或块茎表皮组织里的营养，形成了天麻供给蜜环菌营养的关系，即是蜜环菌对天麻的寄生关系。天麻在接近中柱部位的组织中，有数列体积较大而生命力强的细胞，细胞中具有溶菌酵素，其具有同化消解蜜环菌菌丝体的功能，被称为消化层。当蜜环菌菌索侵入天麻的消化层时，就被天麻消化层细胞中的溶菌细胞分化、溶解和吸收，此时蜜环菌又成为了天麻生长的营养来源，也就是说，这种情况下则是天麻对蜜环菌的寄生。

总的来说就是天麻在正常生长情况下，靠消解蜜环菌菌丝体作为生长的营养来源，一旦当环境条件发生变化出现不利于天麻生长发育时，此时又表现为蜜环菌消解天麻块茎营养从而使天麻块茎成为蜜环菌生长的营养来源。由此可见，天麻与蜜环菌的共生关系随着不同的发育时期和周围的环境条件的变化而发生变化，只有充分利用现有的和创造出有利于天麻生长的环境条件，才能达到收获高品质天麻的目的。

一、蜜环菌的种类及特征

蜜环菌隶属于伞菌目，白蘑科（口蘑科），是仅有的几个具有菌索的种类之一，是一种兼性寄生性真菌，俗称榛蘑、栎蘑、蜜环蕈、苞谷蕈、青冈蕈。广泛分布于热带和温带许多国家的森林地区，全球已报道的蜜环菌有 36 种，我国已有报道的 13 种蜜环菌中有 6 种是已知种类，在国外已有分布，另外 7 种是国内外首次发现的种类。

蜜环菌是一种药食兼用菌，美味可口，其子实体、菌丝、菌索都可入药，在国外最早的报道是蜜环菌可以引起多种针叶树及阔叶树根腐病，其寄主植物多达 300 属。但学者也发现在蜜环菌引起致病的同时，有些被蜜环菌侵染的植物生长更为旺盛，而且有的必须在该菌的侵染下才能正常完成生长发育过程。

1. 菌丝

蜜环菌的营养组织。蜜环菌大多寄生或腐生在树桩、树枝、树根或其他植物体内，导致树木腐烂或半腐烂，在衰老的天麻块茎内也有大量的菌丝存在。单条菌丝肉眼不易观察到，堆积在一起时呈白色茸毛状，通过显微镜可以看到，菌丝是无色透明的丝状体，有分隔。在培养基上对其进行培养，菌落最初为白色，很快转为粉棕色，随着生长时间的延长，菌丝逐渐向外生长，最终纵横交错，然后颜色逐渐加深。

2. 菌索

为蜜环菌菌丝体安全度过不良环境时的一种特殊结构，是蜜环菌在长期进化过程中抵抗不良环境而逐步形成的结构。菌索有一层角质壳膜的菌鞘，它可以保护内部扭结在一起的菌丝使其在一定的时间内保持新鲜状态，同时也便于它在采伐林或被毁的林地上快速扩散，从而成为林地的优势菌群。

菌索常附着于天麻、菌棒表面，或腐朽的菌棒、树皮与木质部之间。菌索幼嫩时期呈棕红色，前端为黄白色或乳白色的生长点，老化后呈暗褐色或黑色。菌索幼嫩时期其韧性较好，老化后较脆。菌索再生能力强，其长可达数米，也会分叉，又分化出多条菌索，形成网状。如果将其截断，在适宜的环境条件下可以继续生长出新的菌丝，从而又形成新的菌索。

3. 子实体

真菌在生长发育过程中完成有性世代产生孢子的构造，蜜环菌的子实体大多在夏末秋初湿度较大的条件下产生，大多丛生于老树根基部或其周围，也可以寄生于活树桩上。子实体的菌盖上面为黄褐色，顶部微凸起，生有多数黑褐色鳞毛，并分泌出一种蜜状黏液。菌柄的基部与根状菌索相连，菌柄高度一般为 4～15cm，菌柄长圆柱形，柄上有环，即菌环。菌环白色，基部膨大，外围为纤维质，中心海绵质，老熟中空；子实体呈伞状，蜜黄色，中部色泽较深，菌盖肉厚，有黑褐色的鳞纹，呈辐射状向四周散开，菌盖直径达 4～8cm；菌褶能放出孢子，孢子无色椭圆形，大小为

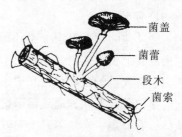

菌盖

菌蕾

段木
菌索

图 4-1 蜜环菌子实体形态及生态

(7~8.5) μm×（5~5.5）μm。蜜环菌的子实体味道鲜美，可以食用。见图4-1。

4. 蜜环菌的生活史

蜜环菌因气候条件和环境条件的不同而有较大差异，即使在同一海拔高度不同菌株和受不同气候条件的影响其生活史也有差异。在子实体成熟后释放担孢子于地面，在温湿度适宜的条件下萌发出初生菌丝，进而转为次生菌丝和菌索。由于菌索是适应不良环境的一种特殊构造，因此菌索可以达到很长的长度，并分化很多分叉并向周围蔓延生长，以寻找新的营养源，所以在林区中广泛分布的是菌索。当菌索遇到适宜的环境和气候条件时即长出子实体，其生活史即：担孢子→初生菌丝→次生菌丝→菌索→子实体→担孢子。见图4-2。

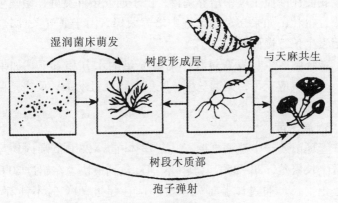

图4-2　蜜环菌生活史

二、蜜环菌的生活特点

蜜环菌是兼性寄生真菌，其也能腐生生活。由于其不具备叶绿素，因此不能利用无机物来制造营养物质，但分解有机物的能力很强，尤其对纤维素、半纤维素、木质素的分解能力特别强，因此其能在枯树、腐烂树桩上腐生，还能寄生于树木的根茎上造成根腐病，从而使树木枯死。通过试验证明蜜环菌能在 200 余种阔叶树上生长。

1. 荧光性

蜜环菌具有发光特性，在夜间或黑暗时，其菌丝体和幼嫩菌索发出一种荧光，这是其体内含有的矿物磷元素。蜜环菌的荧光性与周边环境条件及本身的发育阶段有关，同时受到温度、湿度和氧气的影响。通过试验证明：如果氧气缺乏，则发光弱，空气相对湿度为 40%~70%，温度在 25℃ 左右时其发光最强。荧光性是蜜环菌鉴别的主要特征之一。

2. 好气性

蜜环菌是一种好气性的真菌，其在缺氧的情况下生长发育不良。我们在沙质土壤中培养菌棒，由于通气条件良好，菌丝生长较快且粗壮；如果在黏性土壤中培养菌棒，由于通气条件较差，则菌索生长缓慢而纤细。

蜜环菌在生长发育过程中需要充足的水分和氧气。如果水分、氧气供应充足，则菌丝生长旺盛而粗壮且幼嫩；反之则菌索干枯纤细且老化。

3. 温　度

蜜环菌属于中温型真菌，其菌丝体在 6~28℃ 范围内均可以正常生长繁殖，20~25℃ 时其生长速度达到最快，在超过 30℃ 时则停止生长。通过试验证明，蜜环菌在超过 70℃ 时不能存活，同时在高温条件下，即超过 35℃ 持续时间过长的话也会加快蜜环菌菌种的退化，从而给天麻生产带来较大的影响。

4. 湿　度

蜜环菌在生长发育过程中需要较高的土壤和空气湿度才能生长良好。如果湿度过低，则菌丝生长受到抑制，表现为菌索纤细，对天麻块茎的侵染能力弱，呈老化现象；如果湿度过大，则寄主（菌材）容易滋生厌氧菌，厌氧菌会与蜜环菌争夺营养物质，从而对蜜环菌生长不利。一般情况下土壤含水率在50%~60%，空气相对湿度在80%左右时较为适宜蜜环菌生长。

5. pH

土壤酸碱度也是影响蜜环菌新陈代谢的重要因素。通过试验研究认为：一般情况下蜜环菌适宜在pH5.5~6.0的土壤环境下生长。总之在酸性土壤条件下蜜环菌生长良好。

6. **寄生性**

蜜环菌不仅能在枯死的树根、树干、枯枝、落叶、木屑等上寄生，而且还能寄生于活的树根上及老树干的皮下韧皮部和木质部之间。在湿度较大的条件下，剥开树根的外皮，可以见到白色的菌丝，在暗处可见荧光。由于韧皮部和木质部之间营养较为丰富，蜜环菌能在这里吸收较多的营养物质，从而生长良好，但也导致了寄主树木的根部腐朽。

7. **营养要素的要求**

蜜环菌生长所需的营养主要是从寄主中分解枯枝落叶而来。

（1）碳源：是除碳素以外的重要营养元素。蜜环菌所需要的碳元素营养主要都来自有机物，如纤维素、半纤维素、木质素等。蜜环菌不能利用二氧化碳和碳酸盐。

（2）氮源：是除碳素以外的最重要的营养元素。因此，环境条件中的氮元素的多少对蜜环菌的正常生长也起着至关重要的作用。

（3）无机盐：蜜环菌在其生长发育过程中需要一定量的无机盐类，如磷酸氢二钾和磷酸二氢钾、硫酸镁、硫酸钙等，这些无机盐类蜜环菌都需要从其生长环境中吸收。

（4）维生素：蜜环菌在生长发育过程中也需要一定量的维生素和核酸等有机物质，虽然需要量很少但却不可缺失。

蜜环菌所需的各种营养物质，不管是有机物还是无机物都需要从腐殖土、阔叶树桩及周围环境中获得。

在正常情况下，蜜环菌能源源不断供给天麻块茎、原球茎营养物质。但是当天麻块茎处于衰弱状态或者长出新生天麻后的母麻逐渐衰老时，天麻块茎就逐步失去了同化菌丝的能力。究其原因主要是天麻体内的溶菌细胞逐渐失去活性，其溶解蜜环菌菌丝的能力也逐步消弱，直至当天麻体内的溶菌细胞完全失去活性后，蜜环菌菌丝则穿过消化层细胞而进入天麻的中柱组织，从而将天麻作为蜜环菌自身的营养源，直到最后将天麻体消化吸收完为止。

蜜环菌生长于天麻麻体上是将天麻作为自己的营养来源，而当天麻处于旺盛生长期时，天麻则把蜜环菌当作自己获取营养源的桥梁，因此在天麻停止生长时，如果环境条件适宜于蜜环菌的生长发育和繁殖的话，就会出现天麻溃烂的现象。而要防止蜜环菌生长过于旺盛而引起天麻溃烂，则必须注意以下问题：

冬春季：麻种保存不当，容易引起烂麻。试验证明天麻种保存于30%含水量的沙土时，在温度13℃条件下保存10天就发现有些麻种周围被很密的白色细丝样网状组织包围，这些网状组织其中有蜜环菌的菌丝体，也存在一些霉菌。被菌丝包裹的麻种此时中空，重量下降，腐烂率达6%。天麻在处于休眠状态时，体内的溶菌细胞没有活性，此时如果出现温度高、湿度大的情况就比较适宜蜜环菌的大量生长和繁殖，从而造成天麻腐烂现象的发生。

夏季：此时天麻处于旺盛生长期，有很多蜜环菌菌索附着于其体表并侵入麻体内部。天麻自身的生物学特性使其在温度超过26℃时便停止生长。由于夏季温度较高，此时麻体内的溶菌细胞便失去活性。但在高温高湿条件下蜜环菌仍然生长旺盛，最终导致天麻块茎从表皮到内部逐渐由白色变成棕色，最后变为黑色的腐烂斑块，更有甚者导致天麻块茎整个腐烂。

秋季：在深秋时节，由于天麻已经完成其生命周期，麻体已经成熟，此时天麻便停止生长。但秋季由于降雨较多，导致环境湿度增大，在温度还没有大幅降低的时候，蜜环菌仍能正常生长发育，形成较多的菌索从而导致天麻腐烂。

8. 光线的影响

由于蜜环菌还能进行光合作用，因此其生长发育并不需要直射光线。在天麻生长发育过程中周围环境应避免直射光，使其在散射光条件下生长较为有利。

三、蜜环菌与天麻之间的关系

天麻生长的营养物质来源于以蜜环菌为桥梁的周围环境，因此没有蜜环菌这个桥梁天麻就不能正常生长。在天麻的生长发育过程中天麻与蜜环菌的关系极其复杂。从广义来说天麻与蜜环菌的关系是共生的营养关系，这种共生关系可以理解为蜜环菌通过吸收树木纤维等营养物质并输送给天麻为其提供营养，而当天麻生长消弱且蜜环菌生长旺盛，蜜环菌反过来吸收天麻体内的营养物质来保证自己正常的生长发育，这一种现象被称为"反消化"。

1. 天麻与蜜环菌生长发育的营养来源

蜜环菌是一种兼性寄生真菌，不仅能在活树、树根等活体上寄生，也能在死亡的树根或树干、枯枝落叶等上生长。而天麻则因自身不能生产营养物质，必须依靠蜜环菌为其提供营养物质才能正常生长发育，因此说天麻是"寄生"于蜜环菌而生存。而木材、落叶等又是蜜环菌生长的营养来源，三者之间的相互关系是研究天麻生长发育的理论基础。

2. 密环菌对天麻的侵染

当蜜环菌正常生长发育并与天麻块茎或原球茎紧密结合后，蜜环菌菌索紧贴麻体表面，采用菌索分枝前端的生长点侵入原球茎和块茎。通过试验证明菌索的侵入主要是以机械压力为主，并释放出水解酶辅助其进行侵染，在完成侵染后正式建立天麻与蜜环菌的共生关系。但在天麻处于生长旺盛期时，其新生的天麻块茎却不易被蜜环菌侵染。一般来说在天麻块茎处于休眠或萌

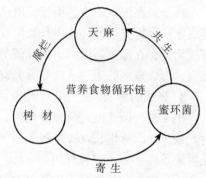

图4-3　天麻—蜜环菌—树材之间食物链

发阶段是蜜环菌侵染的黄金时期，只有幼嫩的呈黄白色的蜜环菌菌索才能完成对天麻的侵染，衰老的菌索则不具备侵染天麻块茎的能力。

蜜环菌侵入天麻块茎和原球茎，是其寻找新寄主的一种自然现象。当蜜环菌侵入天麻皮层后其束状的菌丝开始扩张，当菌丝进入细胞内后，其分解的化学物质引起细胞核也发生变化，导致细胞内其他器官及多糖颗粒等消失，营养物质被菌丝体吸收。这个时期是蜜环菌吸收天麻营养物质的时期，见图4-3。

3. **天麻对蜜环菌的消化作用**

天麻在接近中柱部位的组织中，有数列体积较大而活力较强的细胞，具有消化菌丝的能力，因此这层组织被称为消化层。当蜜环菌菌丝体继续进入皮层深处的细胞并到达消化层时，此时菌丝体被消化层的原生质包缠，扭成一团成为菌丝结，并逐渐膨胀而被消化层细胞分解。这种现象在消化层外侧巨大细胞中和消化层细胞内很明显，其细胞显著变大，原生质浓稠，散有大小不同的液泡，细胞核变大，核仁增加，线粒体增多，多糖颗粒减少，侵入的菌丝体完全被消化。这一时期是天麻生长吸收营养物质的关键时期。

4. 密环菌的反消化作用

在深秋时节，天麻已完成其生命周期而进入冬季休眠时期。此时天麻消化层细胞功能逐步丧失，而蜜环菌菌丝体生长还较为旺盛，大量菌丝体可达天麻内部中柱组织，从而使天麻整个皮层和中柱组织被菌丝分解吸收，最终使天麻成为空壳。这种现象在初夏发育的天麻也可能表现出来，即蜜环菌和天麻生长不平衡时，也就是蜜环菌生长过于旺盛，天麻生长缓慢，此时天麻同样会被蜜环菌反消化。见图 4-4。

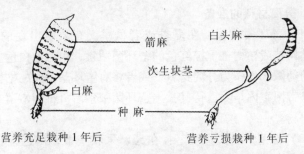

营养充足栽种 1 年后　　　　营养亏损栽种 1 年后

图 4-4　白麻营养充足与饥饿状态下的生长形态

四、蜜环菌对天麻产量的影响

蜜环菌经多代无性繁殖后，菌索发生退化，严重影响天麻的产量和质量。蜜环菌退化外部形态主要表现在：菌索生长速度减慢、细长、菌索分枝少而脆、菌索内部的菌丝变黄；这就使得蜜环菌对天麻营养的供给减少，天麻接种蜜环菌的概率严重降低，从而影响天麻的产量。通过研究认为不同来源的蜜环菌索对天麻的产量影响是不同的，同样是生长旺盛的蜜环菌菌索，一些蜜环菌菌株伴栽天麻后天麻产量很高，有一些菌株伴栽天麻后天麻产量不高。通过对蜜环菌索进行解剖后发现菌索髓部的大小、髓部菌丝的多少与天麻产量密切相关。如果菌索纤细，生长速度缓慢、菌索分枝少及菌索表皮变红等都可判断菌种生长不良。

五、蜜环菌的分离纯化及鉴定

蜜环菌是天麻栽培必备的共生菌，除了开花结实，蜜环菌对天麻幼苗的形成、营养器官的生长以及营养生长向生殖生长转化都起着决定性的作用。现有天麻品种退化，产量大幅度下降，而以往对蜜环菌的研究都主要集中在其侵染行为、侵染方式和蜜环菌的物种鉴定及分子系统学研究，对天麻共生蜜环菌缺乏系统科学的选种、育种、复壮和保藏措施。

1. 分离材料的准备

（1）蜜环菌菌索：在夏季或者秋季，有天麻出现的地方，采集枯树枝或枯树桩上棕红色的蜜环菌菌索，用靠近白色生长点附近的幼嫩部位作为分离材料；或者将有蜜环菌菌丝的枯树枝或枯树桩带回室内培养，待其长出蜜环菌菌索后再将幼嫩菌索作为分离材料。

（2）带菌索的天麻块茎：在天麻采收季节，挑选生长健康的且带菌索的白麻、母麻或营养繁殖材料作为分离材料。

（3）蜜环菌子实体：在天麻种植区或有野生天麻生长的地方，采用发育正常、无病虫害且尚未完全成熟的子实体作为分离材料。

（4）孢子：收集子实体成熟后散出的孢子作为分离材料。

①分离纯化培养基的制作：根据生产实际主要是采用PDA培养基作为蜜环菌分离、纯化的培养基。

②PDA培养基配方及制作：马铃薯200g，葡萄糖20g，琼脂10~15g，水1000mL。将马铃薯洗净，去皮并挖去芽眼，切成黄豆大小的颗粒，称取200g，加水1000mL，煮沸20~30分钟后，用4层纱布过滤，取滤液加水补足1000mL，即成马铃薯煮汁。在煮汁中加入10~15g琼脂，温火加热并不断搅拌至琼脂全部溶化，再加入葡萄糖搅拌溶化，补水至1000mL，即为PDA培

养基。

2. 蜜环菌的分离纯化方法

（1）菌索分离方法：选取菌索顶端幼嫩部位，先清除泥土，用无菌水冲洗数次，在75%酒精中浸泡1分钟，再用无菌水冲洗2~3次，在抗生素溶液中浸泡片刻，用灭菌滤纸吸干表面的附着水后，接入PDA培养基中，在25℃恒温条件下培养，3天左右在接种点处开始发出少许绒毛状白色菌丝。在接种点上刚产生菌索分枝时立即用接种铲选择其中生长旺盛而幼嫩的菌索部分，截取一小段转入PDA培养基中。25℃恒温培养，待菌索长满培养基后即为纯化的母种。

（2）带菌索的天麻块茎分离方法：先清除天麻块茎上的泥土，用无菌水冲洗数次，在75%酒精中浸泡1~2分钟，再用无菌水冲洗2~3次，切取带有蜜环菌菌索的天麻块茎表皮部分组织，将这些表皮组织在抗生素溶液中蘸一下，用灭菌滤纸吸干表面的附着水后，接入PDA培养基中，在25℃恒温条件下培养，3天左右在接种点处开始发出少许绒毛状白色菌丝。在接种点上刚产生菌索分枝时立即用接种铲选择其中生长旺盛而幼嫩的菌索部分，截取一小段转入PDA培养基中。25℃恒温培养，待菌索长满培养基后即为纯化的母种。

（3）子实体分离法：选择新鲜、无病虫害、尚未完全成熟的子实体，先清除泥土，切去菌柄基部，先用75%酒精棉球擦拭菌盖和菌柄2次对其进行表面消毒。接种时，将子实体撕开，在菌盖和菌柄交界处或菌褶处挑取一小块组织，转移到PDA培养基中。置25℃左右的温度下培养3~5天，就可以看到组织上产生白色绒毛状菌丝，7天后开始长出新的菌索。在接种点处刚产生菌索分枝时立即用接种铲选择其中生长旺盛而幼嫩的菌索部分，截取一小段转入PDA培养基中。25℃恒温培养，待菌索长满培养基后即为纯化的母种。

（4）孢子分离法：子实体采收后用 75% 酒精棉球擦拭菌盖和菌柄进行表面消毒。用无菌刀切掉多余菌柄（留下 1.5～2.0cm 即可），把菌直立，菌柄朝下插入支持物上，放入事先准备好的铺有无菌滤纸条的皿中，盖上钟罩。孢子收集装置需事先进行高压灭菌消毒。把装好子实体的孢子弹射收集器放在温度为 15～20℃ 的室内，经 24～48 小时，可见到无菌滤纸上有白色的孢子印。在无菌操作下把收集到蜜环菌孢子的滤纸条装入无菌的空试管中，并在室温下进行真空干燥，后放入冰箱可长期保存备用。

3. 蜜环菌分离纯化菌种的鉴定

（1）伴栽试验鉴定：蜜环菌是天麻营养生长不可或缺的物质基础，天麻产量及品质与蜜环菌的质量息息相关。中国协和医科大学药用植物研究所王秋颖、郭顺星等通过研究不同来源的蜜环菌菌株对天麻产量的影响表明：不同蜜环菌菌株对天麻产量的贡献是不相同的，只有极少数的几种蜜环菌菌种与天麻产生较好的共生关系，但每种菌种又根据产地而分为不同的菌株。即使在适合天麻生长的蜜环菌菌株范围内每种菌株对天麻产量的贡献也是不同的，因此纯化后的蜜环菌菌株还必须通过鉴定才能广泛应用于天麻生产。而在生产上，鉴定蜜坏菌最简单、实用的方法就是采用天麻伴栽试验。

（2）分子鉴定：蜜环菌在 rDNA-ITS、rDNA-IGS、Tefl-α 序列上的多样性依次递减，不论是序列间的两两比较还是系统发育分析，rDNA-ITS 都不能很好地区分开高卢蜜环菌和粗柄蜜环菌，但能将它们与蜜环菌明显分开。rDNA-IGS 的情况与 rDNA-ITS 类似，但 rDNA-IGS 在高卢蜜环菌和粗柄蜜环菌菌株间的差异性要略高于 rDNA-ITS。Tefl-α 在蜜环菌中差异显著，遗传多样性极丰富，它不仅能区分蜜环菌、高卢蜜环菌和粗柄蜜环菌，甚至能区分同种属的菌株。

第五章　林下仿野生天麻栽培技术

第一节　天麻的生长环境要求

天麻作为一个特殊的物种，在长期的自然选择中，形成了特定的适应生态环境的特性。仿野生栽培天麻，必须了解天麻生长对环境条件的要求，因地制宜地选择适宜天麻生长的小气候环境条件，充分利用环境条件提供满足天麻生长所需的营养要求，从而成功提高天麻的产量和质量。

一、天麻生长与温度的关系

温度是影响天麻生长的关键因素，温度的高低会影响天麻的产量和质量。总体上说，天麻喜欢生长在夏季凉爽、冬季不十分寒冷的环境。

1. 温度对天麻块茎生长的影响

天麻地下块茎在地温14℃左右时开始生长，20~25℃生长较快，30℃受到抑制。天麻虽然耐寒冷，但有一定的限度，不能突然降温或者持续低温过长时间。低温出现的季节不同，天麻受冻害的程度也不相同，如果初冬温度突然降低，天麻容易受冻害；随着寒冷季节的来临，空气温度逐渐降低，天麻的组织逐渐老化，天麻块茎中水分逐渐减少，细胞液浓度逐渐增加。经过一段时间的低温后，可以增加天麻的抗寒能力，即天麻在长期处于0℃以下的低温条件下，也不会受到冻害。

天麻在0℃左右的低温条件下越冬，也必须要有低温才能打破天麻的休眠。天麻在 0~2℃ 低温条件下 40 天左右，才能打破休眠继续生长；当天麻块茎进入休眠期后，如果没有打破休眠的条件，即使萌发条件合适，天麻块茎也不会发芽。通过试验，白麻和米麻在 1~10℃ 处理 30~60 天才能打破休眠，但种麻的大小对低温和时间要求不一样，较大些的白麻在 1~5℃ 低温时需 50~60 天打破休眠效果较好；而小白麻和米麻属于营养生长阶段，其在 6~10℃ 时 30~40 天即可打破休眠。

2. 温度对花茎和果实生长的影响

秋季箭麻花芽茅茎分化形成，进入生殖生长期，必须经过低温阶段才能打破休眠。箭麻的休眠期比白麻和米麻都长，如果环境条件不满足于其对低温的要求，则箭麻栽后不能抽薹，从而植株也不能正常生长。箭麻一般在 3~5℃ 的低温条件下需贮藏 2~3 个月，才能打破休眠，从而顺利完成生长周期。

通过试验，在不同地区，箭麻从抽薹到果熟，从授粉到果熟经历的时间周期也不一致，其主要受到小环境气温、湿度的影响。因此掌握好本地区天麻的果熟期，是确保天麻有性繁殖高产、稳产的重要因素。

当地温上升到 10℃ 以上时，箭麻花茎开始萌动，在地下 10cm 地温升到 15℃ 时开始抽薹，当气温升高到 18~20℃ 时开始开花，在气温升到 30~35℃ 时种子成熟。从抽薹到第一个种子成熟大概需要 50 天左右的时间，随着气温的不断升高，后期从授粉到果熟只需要 12 天左右的时间即可完成。

3. 温度对种子发芽的影响

天麻种子在 15~28℃ 期间皆可发芽，但种子最适宜的萌发温度为 25℃ 左右，超过 30℃ 则种子发芽受到抑制。但由于各地所处的地理位置不同，气候条件也有较大的差异，天麻种子成熟期也不尽相同，原球茎生长速度也有差异，因此各地需要根据当地天麻的生长发育特点来开展天麻仿野生栽培工作。

二、天麻生长与水分的关系

天麻产区年降水量大多在 1000mm 以上，平均空气相对湿度在 80% 左右。因此多雨潮湿的气候条件，适宜天麻的生长。水是天麻块茎的主要组成部分，天麻的含水量在 80% 左右，天麻可以通过吸收土壤中溶于水分的无机盐，从而补充天麻生长所需的营养物质。

1. 水分对天麻块茎生长的影响

天麻在不同的生长时期对水分的需求不同。在天麻块茎萌动期，需要蜜环菌旺盛生长，天麻才能及时接种上蜜环菌，因此这个时期天麻需要充足的水分，才能正常萌动生长。7—9 月份是天麻块茎旺盛生长的季节，需要大量的水分供应才能满足生长的需求，所以在 6—9 月份充足的雨量是天麻丰产的关键。在天麻生长后期，雨水多、土壤含水量过高会促进蜜环菌旺盛生长，此时蜜环菌反而会危害天麻，从天麻中吸收养分从而引起天麻腐烂。因此，在天麻生长后期，合理控制土壤中的水分，也是保证天麻稳产的一项重要措施。

2. 水分对天麻开花的影响

在天麻抽薹开花时期，土壤水分和空气相对湿度对开花和果熟期影响较大。如果开花时空气湿度很小，会造成花粉干枯，授粉后果子膨大，但果子内无种子，导致授粉不育现象的出现。同时湿度也影响天麻种子成熟时间的长短，在空气湿度一定的条件下，随着空气湿度的降低，天麻果实从授粉到果熟的时间也相应缩短。总的来说，在天麻抽薹开花期，水分和空气湿度也是影响天麻开花结实的重要因素。

三、天麻生长与海拔的关系

乌天麻大多分布于海拔 1500~2800m 的山区。天麻在滇东北地区主要分布在海拔 1400~2800m 的山区；在贵州毕节、赫章等地大多分布于海拔 900~2000m 范围内；在四川大多分布于海拔 700~2800m 的山区。

四、天麻生长与地势的关系

天麻天然分布的海拔高度与气候条件有密切的关系。在我国盛产天麻的西南地区由于纬度低、气温高，因此天麻大多分布于海拔 1300~1900m 的山区。而东北地区由于纬度高、气温低，因此天麻大多分布于海拔 300~700m 的低山区或丘陵地区。天麻喜冷凉、潮湿的环境，在低海拔山区，夏季气温过高，不宜于天麻和蜜环菌的生长，从而影响天麻生长；在高海拔地区，生长有效积温低，同样也影响到天麻的生长。

五、天麻生长与土壤的关系

土壤条件的好坏与天麻的分布、生长有密切关系。一般在土层深厚、土壤肥沃的腐殖土中，由于植物根系发达，营养较为丰富，因此蜜环菌生长良好，天麻生长就比较健壮且产量和质量都较好，常见的早生"窝子麻"都是在这样的环境条件下形成的。而在土壤贫瘠的黏重土壤中，则出现天麻生长营养不良，质量不好的情况。

总之只要是在土质疏松、通气透水性较好的微酸性土壤或中性土壤中，夏季高温现象不突出、冬季低温现象不明显的地方都可以开展仿野生天麻栽培工作。

六、天麻生长与光照的关系

天麻从栽种到收获，整个无性繁殖过程都在地下生长，阳光对其并没有太大的影响。由于天麻的这种特性，开展仿野生天麻栽培工作对光照条件的要求不高。但天麻有性繁殖过程需要一定的散射光，而天麻的箭麻在抽薹出土后，过于强烈的直射光又会危害天麻茎秆，从而导致植株基部变黑枯死，因此育种圃应采取遮阳措施。由于增加光照可以提高地温，因此在冷凉的高山区应选择阳坡进行仿野生天麻栽植工作。

七、天麻生长与植被的关系

植被是野生天麻赖以生存的重要条件。一般天麻生长在山区杂木林内、针阔混交林区或散生竹林内，在森林砍伐后次生林及灌木丛中或竹林内有空隙的地方天麻生长良好。其伴生植物种类较多，主要有各种散生竹、青冈树、板栗、桤木等，其中一些植物的根或半腐烂的根以及枯枝落叶、树皮碎屑滋生蜜环菌后成为天麻营养源。同时，良好的植被也为天麻和蜜环菌的共生提供了良好的土壤条件和阴凉、湿润的环境条件。

第二节　栽培技术

经过多年的天麻栽培试验及实践，参考并吸收全国不同天麻产区栽培技术的先进方法，本书系统总结了天麻特有的仿野生栽培技术。

一、天麻有性繁殖栽培技术

有性繁殖栽培技术从根本上解决了天麻无性繁殖的种源来源问题。由于天麻的野生资源逐渐枯竭，已经很难从野生环境中采挖到野生天麻块茎作种进行栽培，天麻种源的稀缺大大影响到了天麻产业的发展，而通过天麻有性繁殖，其一个箭麻可收获数十个果实，每个果实就有 3 万~5 万粒种子，仅以最后成麻率0.05%计，也可为天麻生产提供大量的天麻种源。同时，通过有性繁殖还可以进行人工介入，通过授粉进行杂交，利用其杂种优势，从而培育新的天麻良种。

1. 种子园场地的选择

在野生条件下，天麻大多生长在树林、竹林下，树荫起到了自然遮阳的作用，一般郁闭度保持在 60%～70%。培育种子的场地可以不与栽培菌床在同一个地方，而选择管理方便且能避风的地方，但四周不应与蔬菜地接壤，以防止病虫害传入侵染天麻花茎植株。天麻种子园要求土壤疏松，不积水。

场地选好后，取木、竹枝条搭设 2m 高左右的简易荫棚，棚的周围设立篱墙，以保证棚内郁闭度在 70% 左右。为了提前播种，可用温室或空房屋提前培育种子。由于天麻种子采收后，温度适宜即可发芽，种子发芽后原球茎生长时间对提高接菌率且对白麻、米麻的生长、天麻播种当年的产量都有重要意义，温室育种可以提前进行播种对天麻有性繁殖增产起到较为关键的作用。特别是在高山冷凉地区及生长季节较短的地区，采用温室育种，可以使种子提早成熟和下一步提早播种，促使种子提前发芽及时接种蜜环菌，延长原球茎生长时间，最终能够显著提高天麻的产量和质量。

2. 箭麻的选择与定植管理

（1）箭麻的选择：一般在 11 月左右天麻成熟季节，选择个体发育完好、顶芽红润、饱满、无损伤、无病虫危害的箭麻留作种麻。收获时将种麻和加工入药的箭麻分别处理，对留种用的箭麻一定要轻拿轻放，防止碰伤。一般情况下，100g 以下的小箭麻结果数量不多，以 100～150g 重的箭麻结果数量最多，而在150～300g 的箭麻，结果数量则无明显差异。由于箭麻越大其含水率就越小，其加工成为干天麻的成品就越多，因此在 300g 以上的大箭麻从经济方面考虑不宜于作种麻使用，宜于用作入药。

（2）箭麻栽种时机：箭麻一般可以进行冬栽或春栽，但以春栽成活率更高一些。箭麻选好后，不宜放置太久，要及时进行定植，以避免失水，从而影响抽薹开花。但在相对较为寒冷的地区则要将箭麻保存于具一定湿度和温度的地方（但也不能湿度过大，否则易导致箭麻腐烂），等到春季气温升高后再进行定植。

（3）箭麻栽培管理技术：由于箭麻本身储存有丰富的养分能充分满足天麻正常抽薹、开花、结实和种子发育的需求，因此可直接将箭麻栽植于适宜的土壤中。栽植时要注意留好工作区，以方便天麻开花时进行辅助授粉。箭麻栽植要注意其顶芽朝上，覆盖疏松无石砾的土壤 5cm 左右，同时要防止机械压力而影响天麻抽薹。

冬栽的箭麻，在有可能出现冰冻灾害之前应加厚覆盖土层，并利用稻草或者树叶等对其进行覆盖，以防止极端天气对箭麻产生冻害。在春季解冻后应及时揭去稻草、树叶和加厚的土层，以盖土层 5cm 左右为宜。

在开春后，当气温上升到 12℃ 以上的时候，箭麻顶芽开始萌动，当气温上升到 15℃ 以上时，其顶芽陆续出土，花茎伸长，这时应采取措施以防止天麻伸长的花茎倒伏。

（4）人工授粉技术：由于天麻的花朵构造较为特殊，其花药在合蕊柱头的顶端，由药帽盖罩着，而柱头（雌蕊）在蕊柱下部，这种特殊的构造导致花药的花粉块不能自动散出，完成自花授粉工作，所以其必须借助外界条件才能完成授粉工作。在野生环境条件下，天麻借助昆虫（比如个体较小的蜜蜂等）来完成其授粉工作，但由于小昆虫的活动受到气候条件及环境条件的影响较大，即使能够进行授粉其授粉率也比较低，从而不能够提供满足生产需要的量大、质优的种子。因此，在天麻的有性繁殖过程中，要想获得质优量大的天麻种子，就必须采用人工辅助授粉的方式。

天麻人工授粉工作务必在开花前 1 天至开花后 3 天内完成，

在花粉块成熟并处于较旺盛的生理活动时间内授粉才能较好地保证有较高的结实率，过早（花粉块未成熟）或者过迟都会降低天麻结实率。花粉块成熟时其表现为花粉块松软膨胀，将药帽盖稍顶起，在药帽盖边缘可见到花粉。

天气晴好授粉效果较佳，一般在上午 10 时左右至下午 4 时左右效果最好，下雨天及露水未干时不宜授粉。

授粉时用手轻握住花朵基部，同时用镊子慢慢压下花的唇瓣，将雌蕊柱头露出，然后用镊子自下往上挑开药帽，粘住花粉块，将其粘在雌蕊柱头上（授粉工作可以采取同株同一朵花授粉，也可以采取同株不同花朵之间授粉或者异株异花授粉或者采用不同类型天麻的花互相授粉。通过实践证明，异株异花授粉结实率高于同株同花授粉）。

（5）种子的采收及贮藏：在天麻授粉工作完成后，花被逐渐萎缩，子房迅速膨大（没有授粉成功的花朵，在花凋谢后子房略有膨大，但果实内的种子不具有种胚）。当下部果色逐渐深暗、纵缝线比较明显时则蒴果即将进入成熟期。天麻果实是由下往上逐渐成熟，在天麻果壳 6 条纵缝线刚裂开时则为天麻种子的最佳采收期，若晚于此时采收则天麻种子通过纵缝线大量往外飘出，所以天麻果实的采收时间特别关键，一定要随时观察，适时进行采收。在采收种子的时候，将开裂的蒴果及邻近即将开裂的蒴果一同剪下，同时收获种子（这部分即将开裂的蒴果种子也具有较高的发芽率）并带回室内进行摊晾并记录果实数；当留在天麻母株上的果实又出现开裂时，再将开裂的果实及邻近的果实收回，这个过程一直持续到最后的果实采收完毕为止。剪回室内的果实完全开裂后，及时将种子抖出，并及时开展播种工作。

通过试验可知，天麻种子在常温情况下，寿命极短。在30℃的气温下其 1 天即失去发芽力，因此天麻种子在采收后就及时播种，最好是采用边采边播的方式以提高其发芽率。如果条件不允许边采边播的话，则将种子装入玻璃器皿中，在 0~4℃的冰箱中进行保存，但贮存时间也不宜于超过一周。

二、播种栽培技术

1. 播种前的准备工作

天麻种子发芽既需要萌发菌提供营养，也需要适宜的温湿度。由于种子发芽和幼嫩的原球茎均需要湿润的环境，因此仿野生天麻应充分考虑阴湿环境，同时天麻种子萌发要靠消化侵入种胚的萌发菌获得营养而发芽，因此天麻播种环境对树叶的种类也是有选择性的。通过试验表明，播种时使用壳斗科树种的树叶有利于萌发菌的侵入，天麻产量较高，因此在天麻播种时就多收集壳斗科树叶备用。在播种前务必要预先培养菌材，在播种时检查菌材生长情况，最好是菌索幼嫩、生长旺盛且菌丝已侵入木材皮层内，需清除杂菌感染的菌材。

（1）播种期：天麻种子发芽域值较宽，在 15~28℃都可以发芽，播种期越早其萌发后的原球茎生长周期越长，最后接种蜜环菌的概率和天麻的产量也越高。天麻种子的播种期也就是种子的成熟采收期，天麻果实成熟时间不一致，因此天麻播种也应与天麻成熟期一样进行分批采收分批播种。

（2）播种量的控制：天麻每个果实中含有种子达 3 万~5 万粒之多，但发芽率仅为 0.7%左右，且发芽后还将有大量的原球茎不能及时与蜜环菌结合而得不到营养供给而死亡，其中只有极少数的种子在萌发后能形成幼麻，多数种子是无效的。因此为了获得天麻高产，必须加大播种量，以保证有较多的原球茎以增加与蜜环菌接种的概率，一般情况下每平方米播种 10~15 个果实的种子。

（3）播种方法：天麻播种主要采用拌萌发菌播种的方法，其最主要的优点是省工、扩大种源，能有效提高天麻产量，关键的是还能有效防止天麻品质退化。在播种前，先要将菌叶进行拌种，然后再进行播种。播种主要有菌床接种法、菌枝伴菌播种、树枝伴菌播种等。

播种前预备工作：菌叶拌种。在播种前先将培养好的、具备萌发菌的树叶生产的菌种从培养瓶中取出，放在容器中，每窝用萌发菌种1瓶。将开裂果实中的天麻种子抖出，轻轻撒在菌叶上，一边撒种子一边进行拌和，在撒播的过程中应充分拌匀，要注意避免种子集中粘在一起，影响发芽和接菌效果。本项工作应在室内进行操作，以防止风对撒播种子的影响。

①菌床接种法：使用预先培养好的蜜环菌菌床或菌材拌播。由于蜜环菌已在菌材上正常生长，所以这种方法大大提高了天麻种子萌发后原球茎的接种效率。先将预先培养好的菌床的表面覆盖物等掀开，揭去最上一层菌材，去除底层菌材周边的土壤，在这一过程中尽量避免扰动菌索。去除土壤后撒上一层半腐烂的阔叶树树叶（如青冈、槲木等），然后将拌好种子的菌叶分出一部分撒在底层，按原样摆好下层菌棒，在菌棒间留3~4cm间距，再用土壤填平缝隙，接着再在菌材表面用上面同样的方法铺树叶、撒种子、放蜜环菌棒后覆盖湿土约5cm，最后再在上面盖一层树叶以保证湿度。

②菌枝伴菌播种：该方法与菌床接种法大致相同，差别在于菌枝伴菌播种不需要先培养菌材和菌床，而是用新鲜的木段加上蜜环菌菌枝，在播种时先挖播种穴，在穴底撒上一层湿树叶后播种拌种菌叶，然后摆上开了鱼鳞口的新鲜木棒，两棒之间间距约3cm，将培养好的蜜环菌菌枝放在新鲜木棒的鱼鳞口处和木棒两头，可以多放些菌枝，有利于提高接种效率，在两木棒之间撒上碎树枝，然后用土填平缝隙，与菌材齐平，并在菌材表面覆盖一层细土后开始撒第二层树叶，用同上方法播种第二层。最后覆盖表土约5cm与地平，地面再用树叶等覆盖以保持湿度。

③树枝伴菌播种：该方法宜用于当年播种秋后或早春分栽。通过菌叶拌种后，在菌叶上放上新鲜树枝（直径约 2cm，长约 5cm）代替菌材，树枝间间隔约 1cm，在树枝间撒上蜜环菌菌枝，同样方法处理两层。该方法既节约木材，又由于其树枝较短，增加了较多的断面，因此蜜环菌在菌枝断面上生长较为旺盛，最终导致萌发的原球茎接种蜜环菌效率高，对当年白麻、米麻产量提高有较大的促进作用。

2. 播种后的管理工作

当冬季温度低于 0℃时，在种植穴表面加盖落叶或覆土以提高地温，而当夏季土壤温度高于 30℃时，在种植穴表面覆盖树叶或杂草以达到降温的目的。

在播种时，种植穴土壤含水量在 50%～60% 为宜，当种子发芽后，种植穴应经常保持湿润，一般含水量在 40%～60% 为好。在雨季时，及时检查种植穴是否有积水现象，并及时撤除种植穴表面的覆盖物，以增加透气性，而在夏季时有条件的地方则应当增加覆盖物以保湿。

三、天麻无性繁殖栽培技术

天麻的生长发育与空气温度、光照、土壤、水分、空气质量这五大生态因子息息相关，这五大因子的质量决定了天麻的产量和质量。而五大因子中土壤环境、水质环境和大气环境条件是影响天麻的农药残留和重金属含量的关键因子。

1. 栽培条件的选择

（1）土壤环境条件：天麻栽培场所应选择富含有机质、质地疏松、排水良好、保水能力强的林间空地，土壤以沙质壤土及腐殖质土为宜。土壤对天麻生长有很大的影响，蜜环菌喜湿度较大的环境，而天麻则喜透气性较好的土壤且怕浸泡，浸泡会导致天麻腐烂。

同时需采集土样到相关检测部门进行分析，必须符合《土壤环境质量 农用地土壤污染风险管控标准（试行）》（GB 15618—2018)，确保土壤中农药残留和重金属含量低于国家标准。

根据天麻栽培实践，在海拔较高、温度相对较低、湿度较大的地区应选择林分较为稀疏的林间空地，以提高地温及环境温度，降低一定的空气湿度。但在海拔较低的高温干燥地区，特别是夏季会有连续高温出现的地区，应选择在半阴坡的林间进行仿野生栽培。

（2）土壤中的水分情况：土壤中的水分在一定的环境条件下也会受到污染而形成土壤污染。如果选择的地点水受到污染最终会导致天麻药材农药残留和重金属含量超标而不能药用。因此种植中药材，对土壤水分环境条件要求十分严格，需严格按照《农田灌溉水质标准》（GB 5084—2005）对土壤水分进行检测。

在实际操作中一定要注意土壤水分含量，土壤排水性好，渗透性强的地段，应选择位于缓坡地上的林间空地进行栽培；土壤渗透性较差，容易出现积水现象的地段，则应选择平坦地段的林间空地。

（3）大气环境条件：随着社会技术的发展，工业水平得到了极大的提高，城市化进程加快，这也给大气环境造成了不同程度的污染。在选择仿野生天麻栽培用地时要远离城市、工业污染区及主要公路干线，选择空气质量较好的区域，大气质量应符合《环境空气质量标准》（GB 3095—2012)。

在天麻仿野生栽培无性繁殖的选地过程中，一定要注意不能选用熟地，要选择生荒地进行仿野生天麻栽培。这主要是因为生荒地有机质多，土壤疏松，透气性、排水性、保湿性能相对都较好，且生荒地中残存的植物体如细树根、枯枝落叶等都可以成为蜜环菌生长的营养基础。其次，一定要注意不能连栽。栽植穴连栽总次数越多，天麻产量和质量受到较大的影响越大。这主要是因为蜜环菌在自身生长过程中会分泌一些代谢产物而抑制蜜环菌自身生长。同时，连栽也会引起病虫害的发生从而影响蜜环菌的生长。如果栽培环境确实有利于天麻的生长，栽培地也应该闲置几年，尽量等栽培地环境接近原生环境再进行仿野生天麻栽培，这样培养出的天麻产量和质量才会得到保障。

2. **栽培穴的准备**

天麻栽培是以"窝"或"穴"为单位，根据场地因地制宜能栽多少就栽多少，少到一两窝，多到成百上千窝。窝不宜过大或过小，不要强求一致，根据地形适宜即可。对栽培场地要求地面上不要有过密的杂树以方便操作，清除大块石头，直接挖穴栽种，陡坡地可稍整理成小梯田或鱼鳞坑，如果地势过于平整，则整地时应保持一定的坡度，以利于排水。

3. **栽培技术**

（1）栽培层次的确定：通过试验分析，天麻栽培中只栽1层的话，天麻对蜜环菌栽培利用不够充分，土地利用也不充分，不利于集中管理；栽2层的话，在天干旱时，下层保湿好，天麻产量高；在雨水较为充足的时候则下层透气不良，上层产量则较高，因此不论干旱或降雨较多都可保证天麻产量较高。如果多层栽培的话，第二层以下的天麻产量不高甚至没有产量，因此，天麻栽培以2层为宜。如果栽培地温度低、无霜期短的话，天麻栽培1层，利用中午太阳晒透土层，有利于提高地温，促进天麻生长。天麻栽培一般覆土6~10cm，要注意透气性，同时在低温时应加强保温措施。

（2）种麻的选择：在天麻无性繁殖中种麻主要采用白麻和米麻。白麻是最好的繁殖材料，繁殖系数高，可达10多倍，天麻产量较高，其中箭麻产量可达天麻产量的60%左右。白麻又有大小之分，用小白麻作种麻增产倍数最高，大白麻不宜于作种麻使用。

米麻也是很好的无性繁殖材料，但米麻在冬栽或春栽后一般当年或第二年顶芽生长不出箭麻，只能发育成白麻。因此在天麻栽培中米麻和白麻应分开栽培，白麻栽培后当年收获，米麻2年即可收获天麻。如果为了尽快扩大繁殖种麻，在米麻栽后1年即可收获大量的白麻用来作种扩大栽培。

用作种麻的白麻和米麻在栽前都必须严格选择，第一，要求无机械损伤。因为种麻损伤后极易感染病菌导致腐烂，这是引起天麻减产的重要因素。第二，要求种麻色泽正常，呈淡黄色，如果褐色则为天麻退化的表现，不宜选用。第三，要求无病虫害，防止病虫害发生。第四，多代无性繁殖的种麻不选用。主要是因为有性繁殖的一代及二代白麻、米麻生活力都较为旺盛，是最好的繁殖材料，连续无性繁殖2代后的种麻，增殖系数较低，最后的天麻产量和质量都会受到较大的影响。

（3）种麻的摆放方式：种麻应摆在两菌棒之间，并应靠近菌棒，由于蜜环菌在菌棒上分布不均，一些地方菌索生长旺盛，而另一些地方菌索稀疏，种麻则应尽量摆放在菌索生长旺盛的地方。一般菌棒在40~50cm，可放5个种麻，棒两头放2个种麻，中间放3个种麻，如果菌棒稍长可适当增加种麻数量。摆种麻时棒两端处种麻生长点应向外，新生麻长在棒外土壤中，没有受到棒的挤压，这样最后生长出来的箭麻形状好。

米麻和白麻分开栽培，栽培米麻的菌床，棒间距可稍窄，约2cm即可，在两棒间均匀撒米麻20个左右，约100~200g。

（4）菌材栽培方法

①菌材拌栽法：选择质量符合要求的培养好的菌材，挖好栽培穴，在穴底用腐殖土填平，在其上面撒一层枯枝落叶，将菌材顺坡排放于栽培穴中，菌材间距3cm左右。菌材排好后，用培养土填充于菌材间，填到菌材一半时整平间隙填土，将种麻靠近菌材摆放，每个种麻相距约15cm，一般来说菌材两端菌索生长较为

旺盛且密集，应各放种麻 1 个。将土填至与菌材平齐或高出 2~3cm，再撒树叶树枝以排放菌材，然后填土栽第二层（方法同上），最后覆土 6~10cm，再盖一层草或树叶。

本法接菌率高，产量也较为稳定，目前广泛使用。但培养菌材时间较长，木材持续供给营养能力差。同时，由于集中培养菌材，也容易造成污染。

②菌材添新材法：这是在菌材拌栽法的基础上改进的一种方法，此法解决了栽种后期营养不良的问题。在栽培时，每隔 1 根菌材添加 1 根新材，种麻靠近菌材一旁摆放，其他方法同菌材拌栽法。用此法栽培天麻，当菌材上的蜜环菌与种麻建立营养关系时，蜜环菌也同时寄生于新鲜木材上，等到原始菌材营养被吸收完全时，新材也能为蜜环菌提供养分，从而保证天麻的正常生长。使用此法在下种初期由于蜜环菌相对减少，侵染天麻的能力没有全用菌材的方式强，有可能会造成种麻不能及时接菌而影响天麻产量。因此，使用此法一定要菌材的菌索生长特别旺盛，质量特别好方可。

在天麻栽培过程中，一定要充分利用枯枝落叶和菌枝，将树叶等埋于土壤中，能起到透气、保水的作用，同时树叶等又可以为蜜环菌提供营养。用幼嫩的树枝培养菌枝，蜜环菌发育较快，生长旺盛。在栽培天麻时，如果蜜环菌生长不好，则多加点菌枝，加大蜜环菌的接菌量，促进蜜环菌生长，从而抑制其他杂菌生长。因此，在天麻栽培中大量利用菌枝对确保天麻产量和质量起到较大的作用。

4. 天麻栽培的田间管理

（1）防冻：天麻生长期对低温的适应性有一定的限度，如果环境温度超过其低温阈值，天麻就会受到冻害。天麻在越冬期间一般可以耐受-3℃的低温，当环境温度低于-5℃时天麻就会发生冻害，影响天麻的产量和质量，更有甚者可能绝收。因此，在天麻栽培中应特别注意防冻，如果发生冻害，则会导致天麻局部组织坏死，甚至全株腐烂。在天麻栽培时应尽量避免环境温度较低的地块，如相对海拔较高或者较为阴冷的地方，选择阳坡或者避风的地块栽培则效果相对较好，或者加厚盖土层，直到春天地温升高时再揭去覆盖物，可以在一定程度上减轻冻害。

（2）控制高温：在夏季气温超过 30℃时，必须做好防暑降温工作。天麻生长和蜜环菌生长的最宜温度是 20~25℃，当栽培区地温升高到 30℃以上时，蜜环菌和天麻生长都会受到抑制。因此，在地温超过 25℃时，则应在栽培穴表面撒枯枝落叶等遮荫以降低地温。

（3）防干旱：天麻及蜜环菌生长繁殖都需要有较大的土壤湿度才能完成。如果土壤过于干旱，则会造成天麻块茎失水而导致萎蔫、蜜环菌停止生长、新生幼芽大量死亡，特别在天麻生长旺盛期，必须保持合适的土壤湿度以保证幼麻正常生长。因此，在天麻栽培穴表层覆盖一层枯枝落叶也具有很好的保湿效果。

（4）防涝：在天麻生长期间，如果水分过多也会对天麻生长造成较大的危害。水分过多会造成土壤板结，透气性差，从而导致蜜环菌因缺氧而死亡和天麻块茎变色腐烂。如果发现有积水现象，则需在栽培穴周边开排水沟。

总的来说，在天麻栽培中既要注意防冻，也要防止高温危害；既要抗旱，也要防涝。在天麻栽培穴表面放枯枝落叶在春秋季节可以提高地温，有效防止低温危害，而在高温季节也可以有效降低地温，从而达到防暑、抗旱的作用。同时，枯枝落叶的存在避免土壤板结，从而有效保持土壤透气性。

第六章　天麻病虫害

天麻病虫害的防治要认真贯彻"预防为主，综合防治"的植保方针，采取综合措施，创造有利于天麻生长发育而不利于各种病菌、害虫繁殖、侵染和传播的环境条件，将有害生物控制在允许范围内。

第一节　天麻病害

一、黑腐病

1. 症　状

黑腐病是由病原菌侵染天麻球茎而引起的，球茎早期出现黑斑，天麻块茎在后期出现腐烂，该病对天麻生产有较大危害，有时也可见白色菌丝呈片状分布在菌材表面。

2. 病　因

由栽培场所选择不当和管理粗放导致，栽培穴内透气性差，天麻生长长期处于高温高湿环境导致各种杂菌活动旺盛，感染天麻后导致天麻块茎腐烂。

二、褐腐病

1. 症　状

天麻球茎感染初期形成灰褐色中部下陷的圆形病斑，有时多个愈合为不规则的较大斑块，球茎内部腐烂呈白色浆状物，但表皮未被破坏。当湿度较大时，在球茎表面长出灰白色菌丝，并形成黑色菌核，菌核周围被菌丝缠绕，附着于天麻块茎表面，较易剥离。

2. 病　因

原来栽培天麻收获时残留于土壤中的病床残体和菌核是灰葡萄孢菌的侵染源。

三、锈腐病

1. 症　状

有两种类型：一是湿腐型，病部呈水渍状病斑，没有锈斑，病部扩展迅速，导致天麻块茎腐烂，但无臭味产生；二是软化型，病变部位失水状，呈皱缩状，部分变成褐色，有锈斑出现。

2. 病　因

在连作或多代无性繁殖的情况下染病严重。

四、水浸病

1. 症　状

天麻生长发育期间最忌水浸。一般情况下天麻被水浸 12~24 小时即发生腐烂。

2. 防治方法

选择排水良好的沙壤土进行天麻栽培，在降雨后应注意观察，如发现栽培穴有积水现象，则应及时挖沟排涝。

五、疣孢霉病

1. 症　状

当菌棒被疣孢霉菌侵染后，其表面会形成厚厚的白色绒状物，从而使新的菌棒被隔离而导致蜜环菌接种失败。当疣孢霉菌生长旺盛时，在栽培穴表面有白色菌丝出现。

2. 病　因

其病原菌为疣孢霉菌，最适生长温度为 25℃ 左右，低于 10℃ 时生长缓慢，当温度高于 35℃ 时停止生长。疣孢霉菌是一种常见的土壤真菌，其孢子能在土壤中存活多年，其最初侵染源为菌棒、土壤和种麻。

六、杂菌侵染

1. 症　状

主要有两类杂菌侵染。一类是霉菌，包括木霉、根霉、青霉、绿霉、毛霉等杂菌，其表现为在菌材或天麻表面呈片头或点状分布，部分发黏并有霉味，容易造成天麻腐烂从而导致天麻产量及质量均下降；另一类是以假性蜜环菌为主的杂菌，其菌丝及菌索类似蜜环菌，但菌索在菌材表面呈扇形分布，且不发荧光，这类杂菌会抑制蜜环菌的生长，严重的会导致天麻得不到营养供给而死亡。

2. 防治方法

防止杂菌侵染的关键是提供充分满足蜜环菌生长要求的环境条件，以促进蜜环菌旺盛生长从而抑制其他杂菌的生长。

七、芽腐病

1. 症　状

箭麻染病初期在发病部位形成小黑点，病菌顺维管束组织向花茎方向快速扩展，箭麻的花芽染病后坏死并形成芽腐。有的花茎刚出土即坏死腐烂；当花茎顶部染病，可能会导致地上部分枯死；有的箭麻虽能抽穗开花，但最终却不能结实。

2. 病　因

在生产中主要是因为在采挖箭麻时遇到雨天，再加上在包装或者运输过程中导致箭麻受伤而被感染。

八、日灼病

1. 症　状

在天麻抽薹开花以后，如果日照时间过长或者光照强度过大，茎秆向阳面则会变黑，变黑部位则易感染霉菌从而导致地上部分倒伏而死亡。

2. 防治方法

在生产中要注意在天麻抽薹开花以前做好遮荫措施。

第二节　天麻虫害

一、蝼　蛄

俗名耕狗、拉拉蛄、扒扒狗、土狗崽、蠹蚍（度比仔）等。

症　状

为多食性害虫，以成虫或若虫咬食天麻块茎，使蜜环菌菌索断裂，破坏了天麻与蜜环菌之间的共生关系。另一方面通过咬食造成天麻损伤，最终导致天麻被病原菌侵染。同时，天麻被咬食会导致天麻品质下降。

二、蛴　螬

金龟子或金龟甲的幼虫，成虫通称为金蝉或金蝉子，危害多种植物和蔬菜。

症　状

以幼虫在天麻栽培穴内啃食天麻块茎造成空洞，并在菌材上蛀洞越冬，破坏菌材。

三、蚧壳虫

又名"介壳虫"。危害天麻的主要是粉蚧,属同翅目粉蚧科昆虫。

症　状

一般由菌材、新材等树木带入栽培穴内。冬季以若虫或成虫聚集于天麻块茎或菌材上越冬,雌成虫大多集中于一处,分泌绒毛状卵囊,边分泌蜡丝边产卵。使天麻块茎颜色加深,并影响块茎生长。被危害后的天麻长势减弱,产品品质也下降。

四、蚜　虫

危害天麻的蚜虫有很多种类,属同翅目蚜虫科昆虫。一般遇见的有麦二叉蚜、麦长管蚜、桃蚜等。

症　状

以成虫和若虫群集于天麻地上花茎及花穗上,刺吸组织汁液导致天麻生长停滞、矮小、畸形、花穗弯曲,最终影响天麻开花结实,严重时会使地上部分枯死。

五、白　蚁

危害的种类主要是黑翅土白蚁、粗领土白蚁、黄翅大白蚁和家白蚁。

症　状

主要为害天麻和菌材,并且啃食蜜环菌的菌丝和菌索,在严重时天麻和菌材被吃光。

六、跳　虫

危害的种类主要是短角跳虫、棘跳虫、紫跳虫等。

症 状

跳虫主要在天麻栽培穴内取食菌棒上的菌丝，从而抑制蜜环菌生长。跳虫还携带病菌传播病害，破坏蜜环菌的繁殖及菌索的形成，其直接危害萌发嫩芽和天麻生长点，嫩芽受伤后生长不良或者直接变色坏死。天麻体表若有腐烂伤口，跳虫就在伤口处集中造成危害，使天麻块茎腐烂形成凹洞，发出难闻气味，最为严重的是使天麻失去商品价值。

七、天麻蛆

症 状

以幼虫在土壤中为害天麻球茎，被害天麻球茎表面有明显的虫眼，在球茎中形成 1~3 条蛀道，蛀道直径可达 5~8mm，会诱发病害而引起腐烂，从而导致天麻失去商品价值。

第七章　天麻收获及加工

在天麻的收获与加工过程中，一定要保证质量符合标准，以能符合《中国药典》及医药保健事业发展的要求为要求，根据天麻单位面积产量及产品质量，包括外观品相及内在成分等，同时参考传统经验及当年的气候变化等因素来确定适宜的收获时间；盛放成品的器具应保持洁净、无污染，成品存放于干燥、无虫鼠害的场所，确保无畜禽污染，以避免产品受到二次污染。同时在采收过程中一定要剔除破损、腐烂变质的天麻，运输过程中一定要注意避免异物等混入。

第一节　天麻收获

一、收获时间的确定

天麻繁殖分为有性繁殖和无性繁殖两种方式。有性繁殖的话，在头年6—7月播种，次年11—12月收获。如果播种期提前到4月下旬或5月上旬，种子发芽后能与蜜环菌接种成功，播种当年年底即可形成适合于移栽的白麻和米麻，但不能形成箭麻，这样的情况就必须进行翻栽，否则栽培穴内的白麻和米麻生长密度过大会影响天麻生长，导致大部分次年无法接种蜜环菌而死亡。在生产上主要采用无性繁殖的方式进行天麻栽培，即用白麻进行繁殖，一般情况下冬季栽培的，次年冬季或第三年春季收获，而春季栽培的，当年冬季或次年春季即可收获。在冬季收获的天麻称为"冬麻"，而在春季收获的天麻则称为"春麻"。

　　由于我国天麻产区分布较广，其自然条件、栽培时间及栽培方法等均不一致，因此收获时间就应该根据当地的自然条件、栽培时间和栽培方法等来进行确定。但不管怎样都要遵循大的原则，即在天麻停止生长或经过休眠将恢复生长前收获天麻既不影响天麻品质，又不会产生低温危害。如果收获时间过早，此时天麻尚未完成生长周期，不仅降低产量还会对质量有影响；如果收获时间过迟，则天麻容易遭受冻害及地下害虫、鼠类危害，同时还有可能导致蜜环菌发生反消化作用吸取天麻体内物质供给自身生长而影响天麻的产量和质量。

二、收获方法

　　收获时先将表土或覆盖物去除。在接近天麻生长层时，要慢慢刨去天麻周围的土壤，一旦看到天麻就顺着天麻的生长方向刨土，如果能取出天麻的时候就先将天麻取出。由于箭麻顶芽都向上生长，通常长在菌材上边，越接近菌材就应越小心以免损伤顶芽，刨到菌材后先取出菌材再收获天麻。有的时候天麻生长于两根菌棒间，在取出菌材时特别容易损伤天麻，故出现这种情况要特别小心，待菌棒完全取出后，再收获天麻。收获天麻时应检查栽培穴四周土壤中生长的天麻，尤其是靠近上坡处最容易生长天麻，以防止漏收。

　　由于在天麻收获时已停止生长，此时天麻生活力低，对外界抵抗力差，最容易感染杂菌而腐烂，因此在收获天麻时切忌损伤天麻块茎。伤口会促使天麻素向苷元转化，容易因为氧化而失效，从而影响药效；同时天麻产品一定不能用装过肥料、盐、碱、酸等化学药品的用具来盛放，尤其是作种用的天麻。待天麻收获完毕后，从中选出留种用的箭麻、米麻和白麻，其余符合药用或保健使用的天麻就可以进行加工了。收获的天麻要及时进行加工处理，存放时间一般不宜超过 7 天，否则容易腐烂，从而影响天麻质量。

第二节 天麻加工

天麻收获后，为了保证其商品质量和药效，应及时对天麻进行加工处理。根据《中华人民共和国药典》（2015），立冬后至次年清明前采挖天麻，立即洗净、蒸透，敞开低温干燥。当前，天麻加工除了注意外观形态外，还要求降低天麻成品与鲜天麻的干湿比例，提高干燥率，降低能耗，提高品质，最重要的是要求天麻内的有效成分不损失。天麻加工主要包括分级、清洗、蒸制、干燥、存放5个环节。

一、分 级

天麻在加工处理前必须进行分级处理。这是由于天麻需要进行蒸制，不同大小的天麻蒸制时间不同，因此一般按照天麻重量大小对天麻进行分级。一般分为 5 个等级，依次为特级（≥250g/个）、一级（200~250g/个），二级（150~200g/个）、三级（100~150g/个）和四级（＜100g/个），各级天麻均要求箭芽完整，无病虫害、无创伤破皮、无腐烂。如果有破损及有病虫害等的均属于等外品。

二、清 洗

将分级后的天麻分别用清水洗净其外皮的泥沙、块茎鳞片、粗皮、黑斑。不宜于将天麻长时间浸泡在水中，以免天麻的有效成分溶于水中。当天洗净的天麻要及时进行加工处理，若放置时间过久，加工出来的天麻色泽会受到影响，从而影响药效和市场销售价格。

三、蒸　制

天麻洗净后，按不同等级大小放入蒸笼或蒸锅中，用猛火蒸15~40分钟。一般特级天麻需要蒸制35~40分钟，一级天麻需要蒸制30~35分钟，二级天麻需要蒸制25~30分钟，三级天麻需要蒸制20~25分钟，四级天麻需要蒸制15~20分钟。不管蒸制多长时间，一定要将天麻蒸透心才算完成天麻蒸制工序。天麻蒸透心的标准：将天麻对光观察里面没有暗块黑心，通体透明。将蒸制好的天麻平放于通透性较好的如竹帘等上，避免挤压，散净水汽以利于天麻干燥。

四、干　燥

目前，在天麻加工干燥时，如果天麻加工量不大，则采用烘炕干燥；如果加工量大，则采用烤房进行热风循环干燥的方法。如果天气晴朗也可用日光大棚进行干燥，白天在日光大棚利用高温进行通风晾晒，晚上进行烘炕干燥或烤房烘烤，即日晒夜炕或日晒夜烤方式，以降低能耗和成本。

1. 烘炕干燥

根据室内实际情况搭建烘炕，一般情况下上部用木制框腔，框底铺竹帘，蒸制后的天麻放在竹帘上，炕内火门端为火池，后端用火灰或土填高。若加木炭烘炕，竹帘与炭火距离大约70~80cm。天麻烘炕温度不宜过高，如果温度过高则会影响天麻品相及质量，导致天麻枯焦，从而破坏天麻的有效成分。在进行天麻烘炕时，开始温度以50~55℃为好，不能超过65℃，温度过高则天麻外层很快干燥，内部水汽无法排出，容易出现硬壳、起泡；如果开始温度过低，则可能会因为湿度过大导致霉菌滋生而引起腐烂。随着烘炕时间的增加，大约在25小时后，烘炕温度要逐渐升至75℃左右，在大约40小时后天麻即可达到半干的状态。在此期间，应加强对天麻产品的检查，如果发现有鼓包的天麻，则用针将鼓包刺破将其中空气放出，用手压扁，防止中空。如此，直到敲击干燥的天麻时，其能够发出清脆的声音，此时天麻的水分含量≤15%。

2. 热风循环干燥

将蒸制后的天麻散干水汽，平铺装于竹筐或有眼的塑料筐内，厚度不超过 5cm，放置于烘烤架上，烘烤架层间距以 30cm 左右为宜，将烘烤架推入烤房进行烘烤。在天麻烘烤前应对烤房提前预热 12 小时，以散净烤房水分，利于温度迅速升高，防止天麻霉变。将烘烤架推入烤房后，烤房温度应保持在 50~55℃，并开风机保持烤房内热风循环（风速要大于 1m/s），每隔 30 分钟开排气窗排湿 1 次，以排出烤房内的水汽。在烘烤 24~48 小时后，将天麻推出烤房，下架放置 12 小时后，继续推入烤房 24~48 小时，之后将天麻推出烤房并下架放置 12 小时，如此循环烘烤，直到天麻干透。一般情况下循环 3 次即可完成干燥，待 90%以上天麻干透后就可以停止烘烤，个别大的天麻应选出来并延长烘烤时间。

五、存 放

天麻烘干后，及时装入木箱、竹框、纸箱内，注意防潮和霉变。存放空间应清洁、干燥、通风，天麻存放按加工批次及等级依次有序存放，并及时抽样检查，以确保天麻品质。

1. 温 度

天麻中的天麻素在高温环境下容易挥发，当存放温度<10℃时，天麻性质最为稳定。

2. 湿 度

在高湿环境下，天麻容易感染绿霉菌和黄霉菌。经研究，在月平均温度>25℃，同时相对湿度>85%的条件下，天麻的有效成分会迅速分解损失。在低温低湿条件下，天麻虽能长久保存，但一旦离开这个环境，其变质速度会加快。所以说高温高湿和低温低湿都不是天麻的最佳保存条件，最理想的保存条件是温度15℃左右，相对湿度60%左右。

3. 气　流

空气对流强，则氧气含量高，会促进天麻的呼吸作用，从而导致天麻有效成分损失加快。因此，适当减弱空气对流，以限制天麻的呼吸作用，可以延长天麻的保存时间。

第三节　天麻的商品规格

天麻药材的商品规格按照1984年颁布《七十六种药材商品规格标准》执行。

本品为兰科植物天麻的干燥块茎。规格标准：

一等：干货。呈长椭圆形。扁缩弯曲，去净粗栓皮，表面黄白色，有横环纹，顶端有残留茎基或红黄色的枯芽。末端有圆盘状的凹脐形疤痕。质坚实、半透明。断面角质，牙白色。味甘微辛。每千克26支以内，无空心、枯炕、杂质、虫蛀、霉变。

二等：干货。呈长椭圆形。扁缩弯曲，去净栓皮，表面黄白色，有横环纹，顶端有残留茎基或红黄色的枯芽。末端有圆盘状的凹脐形疤痕。质坚实、半透明。断面角质，牙白色。味甘微辛。每千克46支以内，无空心、枯炕、杂质、虫蛀、霉变。

三等：干货。呈长椭圆形。扁缩弯曲，去净栓皮，表面黄白色，有横环纹，顶端有残留茎基或红黄色的枯芽。末端有圆盘状的凹脐形疤痕。质坚实、半透明。断面角质，牙白色或棕黄色稍有空心。味甘微辛。每千克90支以内，大小均匀。无枯炕、杂质、虫蛀、霉变。

四等：干货。每千克90支以上。凡不合一、二、三等的碎块、空心及未去皮者均属此等。无芦茎、杂质、虫蛀、霉变。

第八章　通海县林下天麻种植实例

2012年，根据省委组织部安排开展"四群"教育，云南省林业科学院联系通海县里山乡驻乡工作，期间，发现里山乡散生竹林内有野生天麻分布。通过走访调查，还发现峨山县、石屏县等散生竹林内均有野生天麻分布。为将山区的"资源优势"转化为"经济优势"，帮助山区群众早日脱贫，我院组织技术攻关团队开展天麻野化试验技术攻关，于2013年开始分别在竹林内和近自然林下试种天麻，同年11月份开始进行天麻采收。产品经检测，竹林下和近自然林下天麻素含量和对羟基苯甲醇含量均超过1%，远远高于中国药典2015年版规定"本品按干燥品计算，含天麻素（$C_{13}H_{18}O_7$）和对羟基苯甲醇含量（$C_7H_8O_2$）的总量不得少于0.25%的要求，可以药用。

云南省林业科学研究院自2014年开始就分别指导开展竹林下及近自然林下天麻种植工作。通海县立足林业资源丰富的优势和良好的自然气候条件，大力推进林下经济发展，2015年招商大会将"林下天麻种植"列为重点招商项目，发展至2017年，通海县里山乡、九龙街道、四街镇、高大乡等地的林下天麻种植已渐成规模，林下天麻、竹下天麻种植面积达2000余亩，实现产值1000余万元，为促进县域经济发展、农民增收做出了积极贡献，山区特色产业发展迈上了新台阶，实现"发展林下经济，实现绿富双赢"的目标。

自通海县发展林下天麻种植以来，多次被通海电视台、玉溪电视台、玉溪网、云南日报等进行了报道，2018年1月人民日报社记者和中央7台美食频道节目到里山乡竹下乌天麻基地进行采风。

第一节　竹下天麻种植基地

一、基地建设背景

通海县里山乡当地竹林中有野生天麻产出，当地百姓有在竹林里采收天麻的习惯。在获悉这一发现后，云南省林业和草原科学院（原云南省林业科学院）派出强大技术力量，针对相关技术难点开展了试验，取得了初步成效。我院创新性地利用了竹林小环境和竹根竹鞭层的特殊网状结构，使农户在收获竹材的同时，收获天麻，有利于竹林的保护和养护，保护生态，并提供可借鉴的林下立体种植模式，使农户在美化山林的同时增加收益，也可以为滇中地区提供林下资源开发利用的有效示范；在传统种植模式下增加了竹林下天麻仿野生栽培新模式，节约了土地，节约了菌材，解决了传统种植中争林争地的问题；还为我省天麻产业发展扩大了种植区域，从而让更多农户达到增收脱贫的效果；基地的建设有利于科技下乡，有利于更好的进行天麻生产质量控制，有利于生态保护利用，有利于当地天麻产业的可持续发展；同时，为云南省打造"绿色食品牌"也做出了相应的贡献。

（1）基地建设有效利用了竹林小环境和竹根竹鞭层的特殊网状结构，使农户在收获竹材的同时，收获天麻。

散生竹林地下系统由竹林鞭系、竹林根系以及竹苑组成，根系又由竹根和鞭根及其各级支根组成。散生竹林地下部分竹鞭横向生长，与其节间长出的须根相互连接攀缘结节成 10 ~ 30cm 的网络结构，该结构中充满着酥松的腐殖质，形成一个庞大、复杂、有机的系统。该系统改善了土壤结构，增强了土壤渗透能力，加上丰富的枯枝落叶覆盖，有效地防止了土壤流失和板结，为天麻和蜜环菌提供了最佳的营养和生长环境。

竹林 3~5 年即可郁闭成林，由于竹林林冠对阳光的阻挡、反射和吸收作用，一般只有 5%~35% 阳光能透过林层，加之林内空气湿度较大，林内湿度高出林外 10%~30%，竹林内外的温度有明显的差异，夏季内外差 3~5℃。白天林内温度低，空气密度大，竹林下各层次的植物蒸腾和林地蒸发的水汽在林内保持较多，整个竹林冬暖夏凉，成了天麻和蜜环菌温馨的家。充分利用竹林环境生态条件培植蜜环菌及共生之天麻，可扩大竹林经济价值和生态效益。

（2）基地建设有利于生态保护，通过开展竹林下仿野生天麻种植，促进对竹林的保护和养护，这为林下立体种植模式提供了可借鉴的模式。

该模式使农户在美化山林的同时，增加收益。里山乡天然竹林比重很大，老杆比例大，竹龄结构老化，生理活动机能衰退。林中竹鞭接种蜜环菌，解决了老竹林竹鞭的分化问题，加速竹林生态系统的物质循环，增加了竹林的经济价值，其材笋产量均可大幅提高。在竹林里种植天麻，是利用与天麻共生的蜜环菌，分解老化、死去的竹鞭，在保护和科学的养护竹林的前提下，使天麻和竹笋、竹子共增收。通过基地建设可为滇中地区提供林下资源开发利用的有效示范。

（3）基地建设在传统种植模式下增加了竹林下天麻仿野生栽培新模式，节约了土地，节约了菌材，解决了传统天麻种植中菌材严重不足的问题。

近年来随着天麻抗老年性痴呆药效的发现，天麻用量急剧增加。天麻的种植面积逐渐加大，木材的用量增加。在竹林下种植天麻，节约了土地，节约了挖塘等工序；蜜环菌直接接种在竹鞭上，节约了其赖以生存的菌材，解决了种植过程中大量砍伐树木等问题，蜜环菌营养供给和原生态的生长环境，提高了天麻的质量。使农户省时省力，在收竹笋的同时收获高质量的天麻。

（4）云南竹类植物极为丰富，素有"竹类的故乡"之称，拥有 28 属 210 余种，种数占世界的 1/5，占全国的一半，竹林面积 33.10 万公顷，竹种资源和天然竹林面积居全国之首。基地建设为云南省天麻产业发展扩大了种植区域，从而让更多农户达到增收脱贫的效果。

二、基地基本情况

里山彝族乡地处滇中地区，位于通海县城东南，东邻杨广镇、华宁县，南与高大乡、建水县曲江镇毗邻，西接九街，北与城郊相连。年降雨量 800~1200mm，年平均气温 15.2℃，最低气温在 1 月，最高气温在 8 月，降雨集中在 5—9 月。全年日照总时数 2285.60 小时，无霜期 230 天，属中亚热带高原季风气候、珠江流域西江水系。地势整体呈西高东低，境内最高海拔 2227m，最低海拔 1680m，平均海拔 1900m。主要地貌为山脊地貌，山地占 76%，山间盆地占 24%。水资源相对缺乏，有大小河流三条，小二型水库 8 座，小坝塘 22 个，深井 24 口。人畜饮用水主要靠山间泉水和地下水，农业生产用水主要靠山间泉水和地表水集蓄。地下水蕴藏丰富，水质好，水压足，pH6.76，总硬度 7.20mg/L，符合生活饮用水标准。

全乡总面积 100.01 平方千米，辖 1 个居委会、5 个村委会、13 个居民小组、31 个村民小组、41 个自然村，2386 户 8722 人，其中：农业人口 8441 人，以彝族为主的少数民族人口占总人口的 50.78%。2012 年，全乡实现农村经济总收入 10856 万元，比上年增 1502 万元，增 16.06%；工业总产值 8.78 亿元，比上年增 3.66 亿元，增 71.48%；农林渔牧业总产值 13763 万元，比上年增 1664 万元，增长 13.75%；工业固定资产投资 2.80 亿元，比上年增 0.52 亿元，增长 22.81%；营业收入达 7.52 亿元，比上年增 2.03 亿元，增长 36.98%，其中：餐饮服务业实现营业收入 1320 万元，增长 5.9%；实现地方财政收入 720 万元，比上年增 181 万元，增长 33.58%；农民人均纯收入 4 181 元，比上年增 607 元，增长 16.98%。

基地主要选择在大黑冲村民委员会内实施，大黑冲村委会现有竹林 9400 余亩，为基地建设提供了较好的基础条件。新建 250 亩竹林下天麻产业基地选择在大黑冲村，距通海县城 8 千米，通建公路穿境而过，交通十分便捷。全村面积近 16 平方千米，以山地为主，海拔 1798~2227m，森林覆盖率达 80%，其中有灰金竹两千余亩。经济收入以烤烟，蔬菜，竹子为主。辖 7 个村民小组，323 户人家，以彝族为主。当地年平均气温为 15.20℃，年最高气温 29.10℃，在 5 月，年最低气温 0.60℃，在 1 月；年平均降雨为 1000~1100mm，全年日照达 2285.60 小时，无霜期 230 天，属中亚热带季风气候。

基地采用竹林下立体种植的仿野生模式，可提高天麻的品质；利用灰金竹竹根，竹鞭，鞭根等形成的网状结构代替或部分代替菌材；在落叶层和竹根之间接种种植蜜环菌和天麻，改变传统种植模式，省力省料的科学发展基地，在收获竹材的同时收获天麻，使当地天麻市场持续稳定的发展，从而增加山区群众经济收入，提高经济效益，带动周边天麻产业发展。该基地的实施对林下经济开发可起到较强的示范作用。

三、基地建设的主要技术要求

1. 竹林下套种天麻技术培训

对大黑冲村委会种植农户及基层林业技术人员开展"竹林下套种天麻技术"知识培训，使广大农户基本掌握竹林下套种天麻的技术规范。

2. 场地选择

选择海拔 1600~2100m 范围的竹林带为栽种区域，土层宜深厚，含腐殖质丰富，团粒结构良好，坡度在 20°~25°，采用窝栽或穴栽。

3. 选择良种

种麻良种可以来自野生或人工栽培的米麻或白麻，它必须是发育良好，色泽正常且无损伤、无病虫害和健壮的个体，形态大小基本一致的作种，不得切割或有伤口。

总之，在麻种选择时由于米麻繁殖系数高，尽量选择发育良好、个头相对较小且基本一致的米麻为好。

4. 适量添加菌棒材

在竹林内以竹鞭为基础菌材，适量添加新鲜菌棒材，每窝或每穴添加新鲜菌棒材 3kg 左右。新棒材可以选择包括旱冬瓜、滇青冈、板栗、野板栗、栓皮栎、栎树、白桦、樱桃树在内的质硬耐腐的阔叶树种；备料后，截成长 0.15~0.20m，直径约 0.05m 的段木，在段木的树皮上每距 0.05m 左右砍成鱼鳞口，深达木质部；宜选当年天麻种麻产量较高，蜜环菌丝生长良好的老材作菌材。

5. 蜜环菌接种

采用窝栽或穴栽，根据地形地势，窝长 0.50~1.00m、宽 0.50~1.00m、深 0.40m，窝底先铺腐殖土或撒一层竹叶约 0.15~0.20m，然后平放菌棒 5~7 根，株距 0.05~0.10m，再根据种麻的大小，每隔 0.15~0.20m 取一个紧放于菌棒一侧，盖土超过菌棒 0.15m，菌棒之间不能有空隙，充分浇水，首次保持土壤湿度 70%；穴栽，栽培深度 0.15m 左右；栽培穴覆土时，用竹林下腐殖质覆盖，需填实，做到种麻与腐殖质之间，菌材、菌枝与腐殖质之间无缝隙。

6. 适时播种

下种时间为 1 月中旬至立春前，在晴天或阴天，先把床面上的表层腐殖质土扒开，床底面要求平整，然后以 3：1 或者 4：1

的新鲜棒材和老菌材的混合段木交替与竹鞭交错，横摆一层做底材，各菌材之间应贴紧，菌材相接处的两头放麻种，菌材的中间部位，可散播小量的米麻种，每窝用麻种 0.5kg 左右，用嫩竹枝、竹尾做盖材，最后用腐殖质表土覆土 0.10~0.15m 厚，使稍高出地面呈龟背形，再盖上竹林的枯枝落叶或一层杂草，麻床周围采用竹篱或者铁丝网作篱笆，禁止人畜到天麻地里活动。

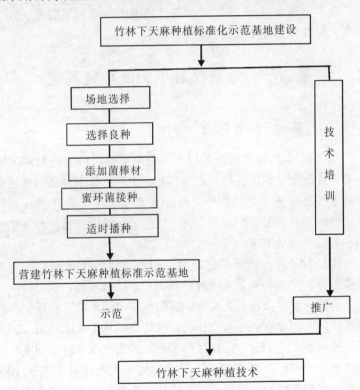

四、基地效益分析

2015 年大黑冲村委会竹林下种植天麻 25000 塘，折合面积约 250 亩，当年采收天麻 20000kg，市场销售收入约 500 万元，种植户户均增收 1 万余元，同时带动村内 300 余人就业。

经过 5 年的发展，目前基地经营状况良好，年盈利 20 余万元。其中大黑冲村 26 户贫困户通过种植天麻实现了脱贫，2018 年底大黑冲村实现了脱贫摘帽。

第二节　近自然林下天麻种植基地

一、基地建设背景

自 2007 年集体林权改革以来，通海县委、政府依据国家的各项方针政策，积极扶持林农进行林下生产。林下经济发展主要有林下种植、林下养殖、林下产品采集及加工、森林景观利用等。但由于林下经济产业化发育不完善、水平低，林下经济产业远不能满足市场需求。

2015 年以来，通海县立足林业资源丰富的优势和良好自然气候条件，把发展林下天麻种植列为产业扶贫项目，通过招商引资大会推介及多次组织人员赴昭通考察学习等举措，积极引领农村产业能人创办农民专业合作社，扶持发展林下天麻种植。2016 年，通海县九龙街道三义社区白丫口、四街镇四寨村小新庄等地的林下天麻种植已渐成规模，近自然林下天麻种植面积达 1000 余亩，实现产值 600 余万元。发展林下天麻产业，不仅为富余劳力提供出路，活跃农村市场经济，还可满足人们对保健食品日益增长的需求。

二、基地基本情况

四街镇位于云南省玉溪市通海县城西北面，东经 102°，北纬 24°，离县城约 10km，距市政府驻地红塔区 50km，离省会昆明 130km。东与杨广镇马家湾四家村接壤，南临杞麓湖，西接九街镇大河嘴和河西镇湾石头，北连接江川区，南北长度 10.4km，东西宽度 14.6km。总面积 74.95km²，镇政府所在地四街，海拔 1 805m，大部分耕地和乡村地处国防公里沿线，地势类型平坝、长型，交通方便，村村社社通车通电。

基地境内地形平坦条长，属冲积湖和盆地地貌，镇区地处低纬地带，夏、秋两季湿热多雨，日照时数低（短日照地区）；冬、春具有干湿季节分界明显的中亚热带半湿润高原季风气候特点，冬无严寒、夏无酷暑，年平均气温 15.9℃，年降雨量 828.2mm，适宜多种作物生长，是乌天麻的适宜种植区。

基地位于四街镇六街村委会咪冲、四寨村委会小新庄自然村，海拔 2000~2200m，属于山地丘陵地区，具有丰富的林地资源，有山林 8187 亩，腐树叶和腐殖土发达，森林较为茂密，非常适合发展林下天麻种植。

三、基地建设的主要技术要求

1. 栽培基地选择

天麻对气候及环境要求苛刻，在高山冷凉的地方栽培天麻，相对其他地方能优质高产，只有在海拔 1200m 以上的高山才有天麻分布或是人工栽培。所以人工引种栽培，最好选择在海拔 1500~2000m 的地方，才能达到优质、高产的效果。

2. 种麻选择

种麻良种可以来自野生或人工栽培的米麻或白麻，它必须是发育良好，色泽正常且无损伤、无病虫害和健壮的个体，形态大小基本一致的作种，不得切割或有伤口。

总之，在麻种选择时由于米麻繁殖系数高，尽量选择发育良好、个头相对较小且基本一致的米麻为好。

3. 培养蜜环菌材

使用栓皮栎、麻栎、槲栎、樱桃树、花楸树、牛奶子、化香树等作为天麻菌材培育天麻最好。树木直径以 5~12cm 粗，断筒时以 50cm 长为宜；直径 5cm 以下的树枝，可砍成 5~10cm 长短枝，均匀摆放在粗菌材的周围；菌材培养时间为每年的 3—4 月，每塘使用蜜环菌进行接种。

4. 天麻栽培方法

在春节过后进行天麻播种。播种时，种麻靠近菌材摆放，一根菌材上摆放 6 个种麻，菌材中间 4 个，两头各放 1 个，穴栽、行栽均可，栽培深度 15cm 左右。栽培塘覆土时，用细土覆盖，须填实，做到种麻与土之间，菌材、菌枝与土之间无缝隙。栽培塘上面用阔叶树落叶、茅草、稻草、玉米秸秆等物覆盖，覆盖厚度 2~3cm，然后开好排水沟。

5. 栽植后管理

（1）冬季和初春要用覆盖物保温，塘内 10cm 以下土层温度维持在 0~5℃，7—8 月一定要覆盖物或搭荫棚来调节温度，将温度控制在 26℃以内。

（2）水分管理：每年 12 月—次年 3 月要控湿防冻，土壤含水量约 30% 即可。4—6 月需进行增水促长工作，土壤含水量 60%~70%，此时土壤手握成团，落土能散。7—8 月要注意月降湿降温，此时土壤含水量应在 60% 左右。9—10 月须控水抑菌，土壤含水量 约 50% 左右，手握稍成团，再轻捏能散。11 月，土壤含水量 30% 左右，干爽松散。同时，在生长季节注意清除杂草和防治病虫害。

6. 收　获

在天麻停止生长或经过休眠将恢复生长前对天麻进行采收。采收后的天麻按照用途不同分别处理，其中用作种麻的需及时播种或按要求运输贮藏；商品麻要及时加工干制。

四、基地效益分析

基地坐落于通海县四街镇四寨村小新庄的树林里。天麻种植区四周群山环绕，林木茂盛，光照充足，空气清新。

2016 年基地在近自然林下种植天麻 26000 塘，折合面积约260 亩，当年采收天麻 40000kg，市场销售收入接近 600 万元，种植户户均收入 1.2 万元以上。

经过多年的发展，目前基地经营状况良好，通过标准化、规范化栽培，科学合理确定栽培密度，强化科技支撑和推广应用，运用配套栽培技术，实施测土配方等技术，加强林地复合经营和质量精准提升，提高林下天麻的综合效益。目前，基地种植面积已扩大到 700 余亩。由基地带动农户投工投劳、共同经营林下天麻种植，对涉及基地的四街镇小新庄、米冲两个自然村建档立卡贫困户实现产业扶贫全覆盖，提供了脱贫致富新渠道。

参考文献

[1] 周铉，杨兴华，梁汉兴，等. 天麻形态学 [M]. 北京：科学出版社，1987.

[2] 徐锦堂. 中国天麻栽培学 [M]. 北京：北京医科大学 中国协和医科大学联合出版社，1993.

[3] 王秋颖，郭顺星. 天麻人工栽培技术 [M]. 北京：中国农业出版社，2002.

[4] 吴连举. 天麻标准化生产 [M]. 北京：中国农业出版社，2006.

[5] 吴连举，关一鸣，潘晓曦. 天麻实用栽培技术 [M]. 北京：中国科学技术出版社，2017.

[6] 周昌华，韦会平. 天麻栽培技术 [M]. 北京：金盾出版社，2004.

[7] 刘大会，王丽，马聪吉，等. 天麻高效栽培 [M]. 北京：机械工业出版社，2017.

[8] 刘炳仁，于瑞兰. 天麻栽培与加工新技术 [M]. 北京：科学技术文献出版社，2003.

[9] 《云南名特药材种植技术丛书》编委会. 天麻 [M]. 昆明：云南科技出版社，2013.

[10] 王连贵. 实用天麻栽培法 [M]. 长春：吉林人民出版社，1984.

[11] 乔怀耀. 乌天麻品质特性及标准的初步研究 [D]. 成都：

西南交通大学，2006.

[12] 李振斌. 天麻林下仿野生种植部分关键技术的研究 [D].
成都：成都中医药大学，2016.

[13] 刘威. 天麻仿野生栽培关键技术研究 [D]. 贵阳：贵州大
学，2016.

[14] 张光明，杨廉玺. 昭通天麻的研究与开发 [M]. 昆明：云
南科技出版社，2007.

[15] 刘芳媛，张应. 天麻的生物学特性观察 [J]. 云南植物研
究，1975 (1)：45-49.

[16] 王忠巧，贺娜，徐田. 小草坝天麻仿野生栽培技术 [J].
林业建设，2015 (5)：63-66.

[17] 杨世林，兰进，徐锦堂，等. 天麻的研究进展 [J]. 中草
药，2000，31 (1)：66-69.

[18] 吴迎福，王亚蓉，孙远彬，等. 天麻种子野外育种与培育
[J]. 林业科技通讯，2017 (8)：24-26.

[19] 王艳红，周涛，江维克，等. 天麻林下仿野生种植的生态
模式探讨 [J]. 中国现代中药，2018，20 (10)：1195
-1198.

[20] 张家琼. 昭通市昭阳区天麻仿野生种植技术 [J]. 现代农
业科技，2016 (20)：68-69.

[21] 张宏杰，周建军，李新生. 天麻研究进展 [J]. 氨基酸和
生物资源，2003，25 (1)：17-20.

[22] 徐锦堂，郭顺星，范黎，等. 天麻种子与小菇属真菌共生
萌发的研究 [J]. 菌物系统，2001，20 (1)：137-141.

[23] 王彩云，侯俊，王永，等. 天麻种子萌发菌研究进展 [J].

北方园艺, 2017 (12): 198-202.

[24] 徐锦堂, 冉砚珠, 郭顺星. 天麻生活史的研究 [J]. 中国
医学科学院学报, 1989, 11 (4): 237-241.

[25] 周铉. 天麻生活史 [J]. 云南植物研究, 1981, 3 (2):
197-202.

[26] 邢康康, 张植玮, 涂永勤, 等. 天麻的生物学特性及其栽
中的问题和对策 [J]. 中国民族民间医药, 2016, 25
(14): 29-31.

[27] 胡一冰, 崔佳, 韩笑, 等. 中药天麻研究进展 [J]. 贵阳
中医学院学报, 2001, 23 (4): 48-51.

[28] 李月文, 曾小英, 李在军, 等. 林下种植的天麻质量分析
与评价 [J]. 安徽农业科学, 2012, 40 (18): 9635
-9638.

[29] 张博华, 赵致, 罗夫来, 等. 大方仿野生天麻种植地植被
调查研究 [J]. 中国野生植物资源, 2015, 34 (3): 49
-57.

[30] 曹流清, 丁建国, 李小凤. 毛竹林间种天麻丰产技术研究
[J]. 林业科技开发, 1997 (3): 23-24.

[31] 陈顺方, 祁岑, 黄先敏. 蜜环菌的生产技术 [J]. 现代农
业科技, 2009 (14): 125-127.

[32] 赵香娜, 胡亚平, 张鹏, 等. 蜜环菌的特性及其对天麻生
长的影响 [J]. 中国果菜, 2016, 36 (6): 57-59.

[33] 邹容, 康冀川. 蜜环菌研究进展 [J]. 山地农业生物学报,
2005, 24 (3): 260-264.

[34] 周元, 天麻生物学特性 [D]. 陕西: 西北农林科技大学,

2005, 12.

[35] 袁崇文. 中国天麻 [M]. 贵阳：贵州科技出版社，2002.

[36] 郑朋朋. 天麻萌发菌 HL_ 003 菌株多糖研究 [D]. 西南林业大学，2015.

[37] 朱斗锡. 天麻与蜜环菌的关系 [J]. 中国食用菌，1993，13 (6)：31-32.

[38] 王秋颖，郭顺星，关凤斌. 不同来源蜜环菌对天麻产量影响的研究 [J]. 中草药，2001，32 (9)：839~841.

[39] 陈明义，李福后，边银丙. 蜜环菌不同菌株对天麻产量的影响 [J]. 食用菌学报，2004，11 (1)：46~48.